新一代人工智能 2030 全景科普丛书

U0182968

智能穿戴设备

人工智能时代的穿戴"智"变

王 伟 著 ● ● ● ● ● ●

科学技术文献出版社
SCIENTIFIC AND TECHNICAL DOCUMENTATION PRESS

·北京·

图书在版编目（CIP）数据

智能穿戴设备：人工智能时代的穿戴"智"变 / 王伟著. —北京：科学技术文献出版社，2020.7

（新一代人工智能2030全景科普丛书 / 赵志耘总主编）

ISBN 978-7-5189-6477-2

Ⅰ.①智… Ⅱ.①王… Ⅲ.①移动终端—智能终端 Ⅳ.① TN87

中国版本图书馆 CIP 数据核字（2020）第 033469 号

智能穿戴设备——人工智能时代的穿戴"智"变

策划编辑：郝迎聪　责任编辑：张　红　责任校对：张吲哚　责任出版：张志平

出　版　者	科学技术文献出版社	
地　　　址	北京市复兴路15号　邮编　100038	
编　务　部	（010）58882938，58882087（传真）	
发　行　部	（010）58882868，58882870（传真）	
邮　购　部	（010）58882873	
官 方 网 址	www.stdp.com.cn	
发　行　者	科学技术文献出版社发行　全国各地新华书店经销	
印　刷　者	北京时尚印佳彩色印刷有限公司	
版　　　次	2020 年 7 月第 1 版　2020 年 7 月第 1 次印刷	
开　　　本	710×1000　1/16	
字　　　数	131千	
印　　　张	10	
书　　　号	ISBN 978-7-5189-6477-2	
定　　　价	38.00元	

总　序

　　人工智能是指利用计算机模拟、延伸和扩展人的智能的理论、方法、技术及应用系统。人工智能虽然是计算机科学的一个分支，但它的研究跨越计算机学、脑科学、神经生理学、认知科学、行为科学和数学，以及信息论、控制论和系统论等许多学科领域，具有高度交叉性。此外，人工智能又是一种基础性的技术，具有广泛渗透性。当前，以计算机视觉、机器学习、知识图谱、自然语言处理等为代表的人工智能技术已逐步应用到制造、金融、医疗、交通、安全、智慧城市等领域。未来随着技术不断迭代更新，人工智能应用场景将更为广泛，渗透到经济社会发展的方方面面。

　　人工智能的发展并非一帆风顺。自 1956 年在达特茅斯夏季人工智能研究会议上人工智能概念被首次提出以来，人工智能经历了 20 世纪 50 — 60 年代和 80 年代两次浪潮期，也经历过 70 年代和 90 年代两次沉寂期。近年来，随着数据爆发式的增长、计算能力的大幅提升及深度学习算法的发展和成熟，当前已经迎来了人工智能概念出现以来的第三个浪潮期。

　　人工智能是新一轮科技革命和产业变革的核心驱动力，将进一步释放历次科技革命和产业变革积蓄的巨大能量，并创造新的强大引擎，重构生产、分配、交换、消费等经济活动各环节，形成从宏观到微观各领域的智能化新需求，催生新技术、新产品、新产业、新业态、新模式。2018 年麦肯锡发布的研究报告显示，到 2030 年，人工智能新增经济规模将达 13 万亿美元，其对全球经济增长的贡献可与其他变革性技术如蒸汽机相媲美。近年来，世界主要发达国家已经把发展人工智能作为提升其国家竞争力、维护国家安全的重要战略，并进行针对性布局，力图在新一轮国际科技竞争中掌握主导权。

德国2012年发布十项未来高科技战略计划，以"智能工厂"为重心的工业4.0是其中的重要计划之一，包括人工智能、工业机器人、物联网、云计算、大数据、3D打印等在内的技术得到大力支持。英国2013年将"机器人技术及自治化系统"列入了"八项伟大的科技"计划，宣布要力争成为第四次工业革命的全球领导者。美国2016年10月发布《为人工智能的未来做好准备》《国家人工智能研究与发展战略规划》两份报告，将人工智能上升到国家战略高度，为国家资助的人工智能研究和发展划定策略，确定了美国在人工智能领域的七项长期战略。日本2017年制定了人工智能产业化路线图，计划分3个阶段推进利用人工智能技术，大幅提高制造业、物流、医疗和护理行业效率。法国2018年3月公布人工智能发展战略，拟从人才培养、数据开放、资金扶持及伦理建设等方面入手，将法国打造成在人工智能研发方面的世界一流强国。欧盟委员会2018年4月发布《欧盟人工智能》报告，制订了欧盟人工智能行动计划，提出增强技术与产业能力，为迎接社会经济变革做好准备，确立合适的伦理和法律框架三大目标。

党的十八大以来，习近平总书记把创新摆在国家发展全局的核心位置，高度重视人工智能发展，多次谈及人工智能重要性，为人工智能如何赋能新时代指明方向。2016年8月，国务院印发《"十三五"国家科技创新规划》，明确人工智能作为发展新一代信息技术的主要方向。2017年7月，国务院发布《新一代人工智能发展规划》，从基础研究、技术研发、应用推广、产业发展、基础设施体系建设等方面提出了六大重点任务，目标是到2030年使中国成为世界主要人工智能创新中心。截至2018年年底，全国超过20个省市发布了30余项人工智能的专项指导意见和扶持政策。

当前，我国人工智能正迎来史上最好的发展时期，技术创新日益活跃、产业规模逐步壮大、应用领域不断拓展。在技术研发方面，深度学习算法日益精进，智能芯片、语音识别、计算机视觉等部分领域走在世界前列。2017—2018年，中国在人工智能领域的专利总数连续两年超过了美国和日本。在产业发展方面，截至 2018 年上半年，国内人工智能企业总数达 1040 家，位居世界第二，在智能芯片、计算机视觉、自动驾驶等领域，涌现了寒武纪、旷视等一批独角兽企业。在应用领域方面，伴随着算法、算力的不断演进和提升，越来越多的产品和应用落地，比较典型的产品有语音交互类产品（如智能音箱、智能语音助理、智能车载系统等）、智能机器人、无人机、无人驾驶汽车等。人工智能的应用范围则更加广泛，目前已经在制造、医疗、金融、教育、安防、商业、智能家居等多个垂直领域得到应用。总体来说，目前我国在开发各种人工智能应用方面发展非常迅速，但在基础研究、原创成果、顶尖人才、技术生态、基础平台、标准规范等方面，距离世界领先水平还存在明显差距。

1956 年，在美国达特茅斯会议上首次提出人工智能的概念时，互联网还没有诞生；今天，新一轮科技革命和产业变革方兴未艾，大数据、物联网、深度学习等词汇已为公众所熟知。未来，人工智能将对世界带来颠覆性的变化，它不再是科幻小说里令人惊叹的场景，也不再是新闻媒体上"耸人听闻"的头条，而是实实在在地来到我们身边：它为我们处理高危险、高重复性和高精度的工作，为我们做饭、驾驶、看病，陪我们聊天，甚至帮助我们突破空间、表象、时间的局限，见所未见，赋予我们新的能力……

这一切，既让我们兴奋和充满期待，同时又有些担忧、不安乃至惶恐。就业替代、安全威胁、数据隐私、算法歧视……人工智能的发展和大规模应用也会带来一系列已知和未知的挑战。但不管怎样，人工智能的开始按钮已经按下，而且将永不停止。管理学大师彼得·德鲁克说："预测未来最好的方式就是创造未来。"别人等风来，我们造风起。只要我们不忘初心，为了人工智能终将创造的所有美好全力奔跑，相信在不远的未来，人工智能将不再是以太网中跃动的字节和 CPU 中孱弱的灵魂，它就在我们身边，就在我们眼前。"遇见你，便是遇见了美好。"

新一代人工智能 2030 全景科普丛书力图向我们展现 30 年后智能时代人类生产生活的广阔画卷，它描绘了来自未来的智能农业、制造、能源、汽车、物流、交通、家居、教育、商务、金融、健康、安防、政务、法庭、环保等令人叹为观止的经济、社会场景，以及无所不在的智能机器人和伸手可及的智能基础设施。同时，我们还能通过这套丛书了解人工智能发展所带来的法律法规、伦理规范的挑战及应对举措。

　　本丛书能及时和广大读者、同仁见面，应该说是集众人智慧。他们主要是本丛书作者、为本丛书提供研究成果资料的专家，以及许多业内人士。在此对他们的辛苦和付出一并表示衷心的感谢！最后，由于时间、精力有限，丛书中定有一些不当之处，敬请读者批评指正！

赵志耘

2019 年 8 月 29 日

前　言

　　当前，新一轮科技革命和产业变革孕育发展，全球科技创新空前密集活跃，以大数据、云计算、人工智能、区块链、5G 通信等为代表的新一代信息技术日新月异，将对人类社会生产生活带来全面深远的影响。

　　人工智能为我们描绘了一幅美好的生活蓝图，这是一场智能的科技革命，人类社会将迎来智能产品大爆发的时代。如今，各式各样的智能穿戴设备走进人们的视野和生活，从蓝牙耳机到智能手表，再到智能服装、智能首饰，凭借新颖、时尚、智能、实用的特点，智能穿戴设备让我们能够更好地感知自身并与外部交流。

　　在智能硬件产品兴起之前，大多数人认识智能穿戴设备是通过电影作品，如在 007 系列电影中，詹姆斯·邦德把智能穿戴设备演绎得淋漓尽致，纽扣相机、发射激光武器的手表、拍照眼镜、喷气背包……几乎每一部 007 电影都会展示各种功能强大的智能穿戴设备。实际上，智能穿戴技术在现实中早已存在，智能穿戴设备的起源可追溯到二十世纪五六十年代，经历了萌芽期、雏形期、蓬勃发展期，也度过了低潮期、沉寂期。随着 2012 年以来谷歌眼镜的诞生，以及智能手环、智能手表的大量涌现，智能穿戴设备实现了新的崛起。在人工智能技术的引领下，智能穿戴设备行业的发展迎来了前所未有的黄金机遇期。

　　书籍是人类进步的阶梯，科技让梦想成为现实。智能穿戴设备从科幻走进现实，从实验品变成商品，把人与物、人与互联网更加紧密地连接在一起。纵观人类社会发展史，每次科技革命都极大地解放了生产力，深刻改变生产关系，使人类社会实现了质的飞跃。蒸汽时代和电气时代的技术发明，延长了人的四肢与感官功能，解放了人的体力；电子时代的到来和计算机的出现，拓展了人脑的功能，极大地增强了人类认识和改造世界的能力；智能穿戴设备作为一种与人体贴合度高、关系密切的智能设备，进一步延伸与拓展了人体的感官功能，解放了人的双手，实现人与设备的智慧交互，让我们的生活更加简单、便捷。

当前，全球互联网企业和科技公司、投资机构，以及软硬件厂商都竞相进入智能穿戴设备领域，智能穿戴设备的种类不断丰富，功能不断提升，不仅包括手表、手环、耳机、眼镜，各种具有智能化功能的服装、鞋袜、手套、首饰，以及贴在皮肤上的"智能文身"、通过脑电波控制的"智能头盔"等设备也越来越多。

未来，随着人工智能、大数据、移动互联网等技术与生命健康的深度融合，智能穿戴设备将不断升级和迭代，引领我们进入一个更加数字化、网络化、智能化的美好时代。衣服不再只是为了保暖和美观，我们的生命体征能够通过传感器进行实时监测，并将数据上传到云端进行分析计算，实现个人健康的智能化管理。我们在跑步、健身、游泳时不需要拿着手机，只需戴着智能手表就可以接打电话、查看信息、拍照、远程视频。我们的生活、工作、医疗、教育、消费、娱乐、社交等方方面面，智能穿戴设备将提供全方位的智能服务。

本书结合人工智能的发展趋势，对智能穿戴设备的产品、技术、厂商、用户及产业发展情况进行阐述分析并提出建议。在本书的写作过程中，得到了中关村物联网产业联盟、深圳市设计联合会等单位的大力支持，在此表示衷心的感谢。

由于时间及知识有限，本书中难免存在疏漏和不当之处，希望广大专家、读者批评指正。

王伟

2020 年 1 月于北京

目 录

第一章 ●●●●● 什么是智能穿戴设备 / 001

第一节　智能穿戴设备的概念和分类 / 001

第二节　智能穿戴设备的发展历程 / 004

第三节　智能穿戴设备迈向新时代 / 009

第二章 ●●●●● 智能穿戴设备如何改变世界 / 013

第一节　运动：让运动更科学专业 / 013

第二节　医疗：你的个人健康管家 / 020

第三节　生活：家庭生活的智能助手 / 030

第四节　电影：虚拟与现实完美结合 / 034

第五节　游戏：全新升级的互动体验 / 036

第六节　教育：让学习更加简单快乐 / 037

第七节　城市：助力城市智能化管理 / 038

第八节　工业：人机一体化融合创新 / 041

第九节　军事：提升单兵作战的效能 / 044

第三章 ●●●●● 智能穿戴产品 / 047

第一节　头戴式智能产品 / 047

第二节　腕戴式智能产品　/ 056

第三节　身穿式智能产品　/ 064

第四节　其他智能穿戴产品 / 070

第四章 ◉····◉ 怎样发展智能穿戴设备 / 079

第一节　智能穿戴设备的核心技术 / 079

第二节　智能穿戴设备的商业模式 / 101

第三节　智能穿戴设备的发展与瓶颈 / 117

第四节　智能穿戴设备的机遇与展望 / 125

参考文献 / 147

第一章

什么是智能穿戴设备

第一节　智能穿戴设备的概念和分类

一、智能穿戴设备的概念

什么是智能穿戴设备？顾名思义，智能穿戴设备是指直接穿戴在身上，或是嵌入到衣物中的贴身式智能设备，它融合了人工智能、生物识别、传感器、人机交互、无线通信、GPS定位、柔性电子、虚拟现实等先进科技，可以实时采集与人体有关的各种数据和信息，并通过软件支持，以及数据交互、云端交互实现各种功能。目前，常见的智能穿戴设备包括智能手表、智能手环、智能眼镜，具有智能化功能的服装、鞋袜、手套、首饰，以及贴在皮肤上的"智能文身"、通过脑电波控制的"智能头盔"等。

近年来，全球各国互联网科技巨头、创业公司、投资机构，以及硬件厂商、软件厂商都竞相涌入智能穿戴设备领域。例如，苹果公司推出了智能手表"Apple Watch"，支持电话、语音回短信、连接汽车、天气报告、航班信息、地图导航、播放音乐、测量心跳、计步等几十种功能，是一款全方位的健康和运动追踪设备。

Apple Watch 承载了苹果的健康医疗战略，为用户带来健康、医疗等各类应用，打造"私人医疗助理"。Apple Watch 产品不断升级，目前已经推出了不同风格系列产品，并实现脱离 iPhone 独立使用，如心率监测，Apple Watch 可以从佩戴者的手腕直接拍下心电图，30 秒就可以对心率进行分析，能够捕捉心动过速或跳动不规律等症状，并帮助医生提供关键数据。

智能穿戴设备的核心价值是什么？它与其他智能产品的最大区别是什么？智能穿戴设备的核心价值在于它能够将人的生命体征数据化，并将人体大数据采集分析与互联网直接连接起来，这一价值非常重要。

目前的智能产品，包括智能手机、智能家居、智能电器、智能汽车、智能机器人等，这些产品都是对人体之外的物理世界的数据化、智能化，并非真正对人类生命体态特征的深度绑定。智能穿戴设备是智能产品的一个重要分支，是与人体连接最密切的智能设备。与其他智能产品的不同之处是，智能穿戴设备可以全天候监测人的动态、静态各种活动与生命体征情况，并将数据上传云端进行算法分析，让每台设备变成每个人的智能健康管家，这一突破带来的经济价值和社会效益巨大，将让我们的生活更加便捷、更加美好。

二、智能穿戴设备的分类

（一）从功能应用上划分

从功能上，智能穿戴设备可以分为运动健身、医疗健康、综合服务、休闲娱乐、工业、军事等几个大类。

1. 运动健身类

这类产品最常见的形态是智能手环，还有智能运动衣、运动鞋等，主要面向热爱运动的人群。它的价值主要在于通过传感器监测用户在运动过程中的运动数据、生理指标，并对运动效果和健康状况做出记录和评估，科学指导运动方式。

2. 医疗健康类

医疗类设备主要面向注重健康的人群,如中老年人、慢性病患者等。产品形态包括手环、腕表、智能睡衣,以及心电衣、腕式血氧仪、肌肉传感器、脑传感装置等专用可穿戴医疗监测设备。它能够监测人体的血糖、血脂、血压、睡眠、呼吸、膳食、压力、体脂等健康数据,并通过大数据分析和医生远程诊疗,提供健康指导、健康预警等。此外,某些设备还可以用于辅助恢复治疗和改善健康,如用于刺激帕金森症患者手部活动的腕带、可缓解疼痛的绑带、背部治疗设备、帮助视力障碍人群导航的可穿戴设备。

3. 综合服务类

面向一般大众,能够让人们的生活、工作更加便捷。例如,智能手表的显示方式包括指针、数字、图像、语音等,除显示时间之外,通常还具有短信提醒、接打电话、拍照、视频通话、定位导航等功能。

4. 休闲娱乐类

包括各种 AR、VR 等头显设备,以及智能高尔夫手套、意念控制头盔等,主要借助体感交互、虚拟现实、脑波控制等先进技术和操作方式,提供更强的代入感、沉浸感、互动性,让游戏、观影等各类娱乐更逼真。

5. 工业类

智能穿戴设备在工业级市场的应用前景广阔。例如,技术工人可以通过 VR 头显设备,在可视化、沉浸式的"高仿真"虚拟环境中,直观学习复杂仪器设备的内部结构和工作原理,对汽车、航空发动机进行虚拟装配、零部件拆卸等训练,把工业实训提升到新的高度。

6. 军事类

智能穿戴设备目前已经开始用于军事领域。利用新材料、仿生和生物医学等新技术,开发军用智能头盔、智能防弹衣、机械动力外骨骼装置等,可以提高士兵携行能力,减轻负重,保护士兵的生命安全。

（二）从穿戴部位上划分

根据人体穿戴部位不同，智能穿戴设备可以划分为头戴类、腕戴类、身穿类、脚穿类。头戴类产品主要有：智能眼镜、智能头盔、智能头环、智能耳环、智能吊坠等；腕戴类产品主要有：智能手表、智能手环、智能手套等；身穿类产品主要有：智能织物、智能服装等；脚穿类产品主要有：智能鞋、智能袜子等。

（三）从主体设备上划分

从主体设备上划分，智能穿戴设备可分为独立运行设备和附属式设备，两者最大的区别在于是需要匹配智能手机使用，还是独立使用。

独立式设备，是一个独立的智能终端系统，可以独立采集、处理、分析、存储和传送数据和信息，配备话筒、摄像头、无线通信及移动互联网等模块，无须与智能手机匹配就可以独立实现所有功能。

附属式设备，设备本身具有数据的采集和输出、运算、存储、交互等功能，但需要与智能手机或其他智能终端连接使用，一旦脱离了匹配的智能手机，产品的部分功能就无法实现。例如，需要在手机上下载相应的 APP 应用程序，用来查看或处理智能穿戴设备采集的数据。

当然，独立或非独立并不是绝对的，像手环、手表，既可以独立运行，也可以搭配智能手机。例如，当我们跑步、游泳时，手机不便于随身携带，只需戴上防水智能手表就能通话、查看短信。虽然智能穿戴设备发展的理想状态是完全解放用户双手，但目前的智能穿戴设备与手机仍是一种互补关系，功能各有侧重，在不同场景用户可以优先选择更适用的设备。

第二节　智能穿戴设备的发展历程

在各种智能手环、手表兴起之前，很多人看到智能穿戴设备或许是通过电影作品。例如，在 007 系列电影中，詹姆斯·邦德把智能穿戴设备演绎得淋漓

尽致，纽扣相机、发射激光武器的手表、拍照眼镜、喷气背包……几乎每一部
007 电影都会出现各种功能强大的智能穿戴设备。实际上，电影中的很多智能
穿戴技术在现实中早已存在，智能穿戴设备的起源可追溯到 20 世纪 60 年代，
经历了萌芽期、雏形期、蓬勃发展期、快速腾飞期之后，智能穿戴设备从科幻
走进现实，从试验品变成商品，逐步影响我们的生活。下面来了解一下智能穿
戴设备的发展历程。

一、萌芽期：20 世纪 60—70 年代，概念产品产生

世界上第一台可穿戴设备是为了在赌场里作弊而诞生的。麻省理工学院
的数学教授 Edward O. Thorp 在他的 *Beat the Dealer* 一书中提到，他最早于
1955 年想到了一个有关可穿戴电脑的想法，可以提高轮盘赌的胜率。1960—
1961 年，他与另一位设计者合作开发，他们将这台设备装进鞋中，通过脚趾进
行操作。在试验的过程中，这个装置让轮盘赌胜率提高了 44%。但是，当他们
到赌场进行实际测试时，遇到各种硬件问题，没有达到预期效果。

这个时期是智能穿戴设备的概念形成和萌芽时期，后续出现的几款穿戴设
备均用于赌博，虽然这些发明对提升赌博胜率最终没起到太大作用，但将微型
计算机放进鞋子的巧妙设计，可以说是智能穿戴设备的鼻祖。

之后的十几年里，一些科学家在智能穿戴设备方面继续探索。例如，1975 年，
Hamilton Watch 推出 Pulsar 计算器手表。该手表以 18K 金打造，一时间成为
男性时尚的代名词。

二、雏形期：20 世纪 80—90 年代，设备原型涌现

20 世纪 80—90 年代，智能穿戴设备得到了持续发展。围绕人们的穿戴，开
发者们发明出了各种智能穿戴设备的原型，其中一小部分进入市场。但在当时
的年代，由于设备性能、材料性能、制造工艺、网络接入等技术水平限制，致

使可穿戴设备的成本较高，功能性和实用性也没有完全达到商业化标准，因此，智能穿戴设备在当时没有能够在普通百姓中被广泛认知和使用。

1981 年，一位名叫史蒂夫·曼恩的学生把一部搭载处理器为 6502 芯片的计算机连接到了带有钢架的背包上，用来方便操控摄影机。该设备是历史上第一个头戴式摄像机，主要依靠装在头盔上的相机取景器显示内容。史蒂夫·曼恩也被世界公认为 "可穿戴计算机之父"，也被称为是世界上第一个 "电子人"。

1984 年，卡西欧开发 Casio Databank CD-40，这是全球最早一批能够存储信息的数字手表之一。

1990 年，Olivetti 推出一款智能胸章，能够通过红外接收装置，追踪用户所在位置。

1993 年，哥伦比亚大学研究人员开发出 KARMA 增强现实系统，其产品形态为一台头戴式显示屏。

1994 年，多伦多大学的研究人员开发了一款腕式微型电脑，将键盘和显示屏固定在前臂上；同年，史蒂夫·曼恩打造出第一款可穿戴的无线网络摄像头，并用它上传照片。

1997 年，美国麻省理工学院、卡耐基·梅隆大学、佐治亚理工学院联合举办了第一届国际可穿戴计算机学术会议。之后，随着计算机、微电子、无线通信等技术的发展，智能穿戴设备在科技界、产业界得到积极研究，并逐渐在医疗、军事、教育、娱乐、消费、生活辅助等领域应用。

三、快速发展期：21 世纪前 10 年，走进大众生活

进入21世纪以后，智能穿戴技术快速进步，开始进入普通百姓的视野和生活。

2000 年，首款蓝牙耳机问世，免除了耳机线的牵绊，以解放双手和无线互联的优势，风靡全球。

2006 年，耐克与苹果合作开发了一款记录用户的运动数据的设备，将数据同步到 iPod 配合使用。同时，耐克也推出了几款 iPod 的运动衣。

2007 年，James Park 和 Eric Frienman 两人合作在美国成立了智能穿戴设备公司 Fitbit，专注于运动和健康智能穿戴产品开发。

2008 年，Fitbit 公司推出了运动健身穿戴设备"Fitbit Classic"。这款产品可以夹在衣物中，追踪用户的步数、行走距离、热量消耗、运动强度等。

2010 年，Brother 推出 AiRScounter 头戴式显示器，可以将大小相当于 14 英寸屏幕的内容投影到用户前方 1 米左右的地方。

2011 年，Jawbone 推出 Up 健身腕带，可以追踪睡眠、运动、饮食状况，并可与智能手机应用关联。

四、蓬勃发展期：2012 年至今，全球爆发式增长

2012 年，Pebble Watch 问世，这是一款通过众筹方式获得资助而制造的智能手表。这款设备同时支持 Android 和 iPhone 手机，采用墨水显示技术，具有健身、健康、导航等功能，其外形简约、时尚，具有多种颜色可供选择。此外，它还可以实时提醒用户短信、邮件、社交网络信息。Pebble Watch 一经上市就脱销，受到了科技爱好者、运动爱好者的追捧。

2012 年 4 月，谷歌发布了第一代拓展现实眼镜。这款眼镜可以通过佩戴者的语音指令进行拍照，还可以视频通话、导航，以及上网、处理文字信息和电子邮件等。谷歌眼镜的诞生，再一次引发了人们对智能穿戴设备的关注热潮。2013 年 10 月，谷歌发布了第二代谷歌眼镜，实现了智能搜索、收听音乐等功能。但由于成本和质量等原因，直到 2014 年谷歌眼镜才小批量发售测试版。

从 2012 年谷歌眼镜掀起智能穿戴设备的热潮开始，2013—2014 年，各大科技巨头和互联网公司纷纷推出自己的智能穿戴产品，密集发布，加速迭代。三星公司发布 Galaxy Gear 智能手表，可以使用蓝牙与 Android 智能手机相连。果壳电子发布智能手表 GEAK Watch 1、智能戒指。奇虎 360 发布 360 儿童卫士手环。Google 发布 Android Wear 和云健康管理平台 Google Fit；摩托罗拉公司推出了智能手表 MOTO360；苹果公司为 Apple Watch 推出了专门的软件

开发平台 Watchkit，开发者可为 Apple Watch 打造应用软件；微软公司推出了微软手环 Microsoft Hand 及配套的微软健康云服务 Microsoft Health。除了科技巨头们纷纷涉足智能穿戴设备的研发和生产，很多中小企业和创业公司也看到了投资市场的机会，加入这个行列，智能穿戴设备在这个时期犹如雨后春笋般大量涌现。

在 2014 年的国际消费类电子产品展览会（简称 CES 展会）上，大量适用于普通消费者的智能穿戴设备展出，各种智能眼镜、智能手表、可穿戴相机在展会上进行了集中亮相。

2014 年 7 月，华米科技联合小米科技推出小米手环 1，定价 79 元，主要用于查看运动量、监测睡眠质量、智能闹钟唤醒等。小米系列手环在之后 5 年内迭代升级，小米手环 4 于 2019 年 6 月推出。小米手环的问世，使智能穿戴设备走向低价和大众化，加速了智能穿戴设备的普及。

2014 年 9 月，苹果公司发布了第一代智能手表 Apple Watch 1。Apple Watch 1 采用蓝宝石屏幕，支持电话、语音、短信、连接汽车、天气、航班信息、导航、音乐、测量心跳、计步等几十种功能，是一款全方位的健康和运动智能穿戴设备。Apple Watch 1 拥有各种各样的个性化表盘，可随心改变、自定义设置。例如，用户可以在表盘上增加天气、活动计划等自己需要的信息。Apple Watch 还可以与 iPhone 配合使用。2016 年，Apple Watch 2 发布，具有更好的防水功能，可以游泳、冲浪。在游泳过程中，Apple Watch 2 可以记录游泳距离、时间及消耗的卡路里。2018 年 9 月，苹果发布 Apple Watch 4 系列智能手表，除了能够监测心率外，还开始支持心电图功能，并且获得了 FDA 的认证。

2015 年，华米自有品牌 Amazfit 成立。2017 年 4 月，Amazfit 进入大健康领域，推出米动健康手环，以心电监测技术结合各项健康数据，为用户提供健康管理模式和服务。该手环能关注用户的运动、睡眠情况，还能够随时随地监测用户的心血管健康状况、测量 HRV 疲劳度、进行心电 ID 身份识别。

纵观发展演进过程，智能穿戴设备从概念产生到风靡全球，历经半个多世纪，出现了几次发展浪潮，也遇到过瓶颈期、停滞期，在不断创新和完善的过程中，受到了消费者和市场的认可。从预期看，智能穿戴设备正在赶超以智能手机为代表的消费类电子产品，被认为是移动智能产业下一个风口，前景广阔。

第三节　智能穿戴设备迈向新时代

智能穿戴设备从 20 世纪 60 年代就已经开始萌芽，横跨了半个世纪，直至 2012 年谷歌眼镜出现，给智能穿戴设备带来了前所未有的热度。在 Google Glass、Apple Watch、Fitbit Flex 及 Galaxy Gear 等一批代表性产品的光环效应下，智能穿戴设备一炮打响，火速蹿红，成为智能时代令人期待的智能产品。

可以说，智能穿戴设备的出现和普及并非偶然，它是人类科学技术进步与社会发展催生的划时代产品，是技术创新、需求变化、产业升级的结果。从本质上看，智能穿戴设备的核心价值在于对人体感官功能的延伸与拓展，它让人体与智能设备通过日常的穿戴更加紧密地连接起来，是人与物的智慧交互。蒸汽时代和电气时代的技术发明延长了人的四肢与感官功能，解放人的体力；计算机和互联网的出现拓展了人脑的功能，替代了人的部分脑力劳动，极大增强了人类认识和改造世界的能力。智能穿戴设备则进一步解放了人的双手，把人的感官系统与智能设备连接到一起，让我们的生活更加智能、便捷。

一、技术进步

智能穿戴设备不算是一种新生事物，而是对传统事物的智能化改造。在人工智能时代大背景下，人们开始思考产品与服务如何智能升级，从眼镜到智能眼镜、从手表到智能手表、从运动鞋到智能运动鞋，人工智能赋予了物品新的功能。

早在几十年前就出现了一批可穿戴产品，但由于受到当前的移动网络连接性、处理器性能和材料工艺等技术限制，当时的可穿戴产品并不具备较好的功能性、便携性和美观性。随着半导体技术的集成化与袖珍化发展，制造业的智能化与柔性化突破，很多微型电子处理器和传感器能够集成到小型化智能硬件中。特别是随着智能手机的发展，处理器和材料工艺的技术瓶颈被不断突破，芯片、传感器、柔性材料等硬件，以及计算技术、操作系统、人机交互体验、移动传输等技术和经验积累，已经能够满足智能穿戴设备的技术发展和产业化的客观技术要求。从某种角度说，智能穿戴设备传承了智能手机的设计、技术和部门功能，与智能手机最大的不同是，智能穿戴产品致力于人体生命监测和解放双手，更加追求语音、眼球、图像、手势等人机交互技术，让产品朝着舒适美观、时尚酷炫、便携性强的方向发展。

未来，随着传感技术、低功耗技术、交互技术的进步，智能穿戴产品将更加精准、高效和全面地为人类提供服务。例如，通过硬件采集各种人体数据，借助网络上传到云端，由云端智能平台进行数据分析，并把相应的结果和指导意见反馈给用户，通过这样的信息循环模式，实现对人体健康的实时追踪和日常管理，提升我们的健康质量。

二、消费升级

在二十世纪七八十年代，欧美诞生了一批可穿戴设备，但在当时没有获得较大关注。进入 21 世纪，消费者对移动互联网与智能设备的理解已经更加深入，大量的智能手机、智能家居、智能汽车、智能音箱、智能电视、机器人等智能产品，以及虚拟现实、增强现实等前沿技术进入百姓生活，一些手机已经具有了运动记录、蓝牙通话等功能，这些先期的消费者认知，都为智能穿戴产品进入市场打下了基础。

在我国，中产阶级数量不断扩大，80后、90后年轻人群成为消费主力军，这类人群秉持不同以往的消费观念，不再一味追求低价，而是更加注重产品的功能和消费体验。以智能手环为例，随着城市路跑和全民马拉松运动的兴起，跑步爱好者已经不满足于智能手机简单的计步功能，希望拥有功能更加全面的智能终端，可以进行运动大数据分析，实时监测自己的运动情况和身体状况，提供正确的运动指导。因此，与运动健身相关的智能手环成为最先发展的对象，凭借运动传感器、运动大数据等功能日渐成熟，智能手环逐渐成为运动爱好者的"标配装备"，带动了智能穿戴产品市场的快速发展。

三、市场驱动

随着人工智能与互联网深度融合，智能科技与传统行业跨界融合创新，在教育、医疗、农业、制造等各个领域发挥了重要作用，越来越多的技术和产品正在实现智能化，庞大市场背后蕴藏着巨大商机，谷歌、苹果、微软、三星等各大科技企业纷纷开拓新的市场，培育新的用户。企业跟不上时代发展就会被淘汰，这是社会进步的要求，也是企业生存发展的商业法则。如今，电脑、手机和可穿戴产品已经成为互联网与移动互联网的三大主要入口，电脑、手机在经历了多年的迅猛增长之后，全球市场增长出现放缓趋势。相比之下，智能穿戴产品近几年刚刚投入市场，代表了智能终端设备的新形态和新趋势，形成了智能手机不具备的功能，能够满足特定人群的使用需要，应用领域越来越多元化。

在各大知名科技企业纷纷布局智能穿戴设备的影响下，众多中小企业、创业公司、投融资机构相继涌入，力图在新兴市场上掌握优先权和主导权。从长期发展趋势来看，智能穿戴产品或将对智能手机市场带来一定冲击，掀起下一波移动智能产品的浪潮。人工智能是引领未来的战略性技术，是一把开启新时代的智能钥匙，释放科技蕴含的潜能和价值。随着技术的发展和迭代，智能产品不只是传统意义的手机、平板电脑、数码家电，大量智能穿戴设备将走进我们的生活，发挥与众不同的作用。

四、政策扶持

近几年，工业 4.0 和智能制造被经常提及，以人工智能为核心的新一轮科技革命和产业变革蓄势待发，智能产业被视为全球经济发展的新引擎、社会文明进步的加速器。我国印发了《新一代人工智能发展规划》，提出了面向 2030 年我国新一代人工智能发展的指导思想、战略目标、重点任务和保障措施，从国家战略层面的高度部署我国人工智能的发展蓝图。美国、德国、日本等世界主要发达国家均把发展人工智能作为提升其国家科技实力、维护国家安全的重大战略，各国出台了规划、政策，加快对核心技术、人才培养、规范标准的部署，力求在新一轮国际科技竞争中掌握主导权，引领科技发展，引领产业潮流。

智能穿戴设备是人工智能的重要应用领域之一，是新一轮产业变革的核心驱动力。2018 年 8 月，工业和信息化部、发展改革委联合印发了《扩大和升级信息消费三年行动计划（2018—2020 年）》，提出"加快在中高端消费领域培育新增长点，提升智能可穿戴设备、智能健康养老、虚拟／增强现实、超高清终端设备产品供给能力，深化智能网联汽车发展，引导消费电子产品加快转型升级。"我国一些城市出台了相关政策，促进智能穿戴设备产业发展，培育中高端消费领域新增长点。例如，深圳市发布了《深圳市机器人、可穿戴设备和智能装备产业振兴发展政策》，设立产业发展专项资金，用于支持相关企业技术装备及管理提升，扶持产业发展。随着政策支持加大，智能穿戴设备将迎来发展机遇。

第二章

智能穿戴设备如何改变世界

第一节　运动：让运动更科学专业

如今有句流行语，"请人吃饭，不如陪人流汗""与其花钱治病，不如花钱健身"，许多人喜欢在运动软件里"晒行走距离"，在朋友圈"晒健身照"，健身已成为当今社会一种新潮的休闲生活方式。随着工作节奏加快，生活压力变大，人们的应酬日益增多，加班、熬夜、饮酒、吸烟、摄入过多油腻辛辣食物及生活不规律等因素，很容易导致肥胖、三高、失眠、抑郁、疲惫，这已经成为困扰很多人的生理和心理疾病。因此，人们对健康的关注度越来越高，健身意识不断增强。通过健身释放压力、强健身心，可以使身体摆脱亚健康并改善精神面貌，提升生活质量，还可以减脂塑形，拥有良好的身材。

随着各种健身运动在人们生活中越来越普及，也带火了运动健身领域的消费。《2018—2024 年中国移动运动健身市场研究及投资前景预测报告》显示，2017 年我国健身产业总产值约为 1500 亿元，预计到 2020 年我国健身产业总产值能实现 1850 亿元，到 2022 年健身产业规模将进一步超过 2000 亿元。

智能穿戴设备将为健身行业引领新的时尚。从数量上看，中国民众对健身、运动与身体形象管理的观念转变和需求增长，市场潜力巨大；从质量上看，人们对于健身的新技术、新产品和专业服务的要求越来越高，传统健身器材不能满足智能时代的健身特点，结合穿戴设备等开发新技术、新服务，将为消费者带来更加满意的运动健身体验。

《2019—2025 年中国健身及运动类可穿戴设备行业市场现状分析及投资前景预测报告》显示，消费者对健康和健身控制方面的可穿戴技术表现出了浓厚的兴趣，在硬件和软件方面均是如此。超过半数的受访者表示对健康监测、健身追踪，或者个人安全监测类的设备和应用感兴趣，而且这种兴趣呈增长态势。2016 年，中国健身及运动类可穿戴设备市场规模为 135 亿元左右，预计到 2022 年这一市场规模将达到 287 亿元。

一、智能穿戴设备在全球掀起新的运动热潮

随着运动理念的改变和运动消费的升级，健身爱好者开始对运动体验和运动效果有了更高的需求，以数据监测为基本目标，提供身体状况和运动数据的智能穿戴设备，如智能手环、智能手表、智能运动鞋受到了运动一族的欢迎。很多人对智能穿戴设备的使用甚至达到上瘾的程度，在运动健身后立刻确认各项数据，可以更加清楚自己每一次运动的情况和状态，还能把运动的数据全部储存下来方便记录，以此帮助自己进一步提升运动表现。

美国是运动健身智能穿戴设备的发源地，拥有最早一批热衷于智能穿戴设备的消费群体，引领全球发展潮流。美国智能穿戴设备在运动健身领域兴起之初，早期的产品基本上只是简单的计步器。例如，耐克、Fitbit 最初的产品，只是让计步器看起来外观更加美观时尚。之后，随着路跑的不断流行，智能手环、智能服装等穿戴设备也随之进入市场。

2014 年被誉为智能硬件的"爆发年"。央视当时播出了一则关于智能穿戴设备的新闻，报道了智能穿戴设备如何改变运动体验，人们如何借助设备提升运动效果。报道中称，一名美国人在两年内成功减掉了 27 千克体重，他同时使

用了多种智能穿戴设备，其中一种就是智能运动手环，用来记录跑步运动时间、检测心跳速度。这名使用者表示，智能手环设备不能直接帮助减肥，但可以使人更容易监测自己的减肥效果。

由此可见，智能穿戴设备最大的作用，是它改变了人们对运动的认知和体验，通过获取、分析用户个人的运动数据信息，把相关运动数据上传到网络，与朋友家人一起分享自己的锻炼成果，以此来促进自己的健康作息，养成运动习惯。普华永道公司曾经对 1000 名智能穿戴设备用户进行调查，45% 的受访者使用智能健身手环，12% 的用户称他们拥有智能服装。

在欧洲，智能穿戴设备的热潮主要集中在英、法、德等西欧国家；在亚洲，中国、日本、韩国的智能穿戴设备行业最具发展活力。《2018 埃森哲中国消费者洞察——新消费 新力量》报告显示：健身消费已经成为五大新消费趋势之一，越来越多的消费者更愿意为健身消费买单。运动健身引领了一种新的生活方式，正成为中国人消费的新趋势。每周运动 5 小时以上的运动达人和活跃在运动社交圈的运动族是运动健身消费的主力军，这个群体在运动产品和运动健身方面的购买力很强。"运动 + 新技术"逐渐成为运动消费的新形式，近 44% 的消费者表示希望 AR/VR 技术应用于运动健身领域，41% 的消费者希望人工智能和万物互联在运动健身辅助方面得到广泛应用，29% 的消费者希望户外运动产品也能像共享单车一样共享全民健身运动的火爆，可见健身市场潜力巨大。

二、智能穿戴设备改变运动健身的方式

在智能穿戴设备应用于运动健身领域中之前，人们对自己的各项健身指数，只能凭借自身感受而判断。智能穿戴产品可以帮助用户及时、快速地收集自己身体的各项生理数据，让运动前后的身体变化直观呈现出来。随着大数据的兴起和技术的成熟，除了计步和训练等功能，智能穿戴设备已经从单一的运动数据采集，发展为用户综合健康状况评估，通过数据挖掘与分析，了解用户的运动效果，从而提供科学的健身方案，指导用户的运动行为。

（一）日常健身管理

在家庭健身中，智能穿戴设备以其大数据、云计算、传感器等功能，可以为缺少专业运动知识的普通用户更加精准地测量运动过程中的各项指标，使运动健身具有更强的计划性、针对性和科学性。

1. 运动监测和健康习惯养成

智能穿戴设备健身与普通健身的最大区别是，用户可以 24 小时实时监测自己的心率、血压、呼吸频率、消耗热量、燃烧脂肪、血氧水平等体征数据，这些数据能够让用户更好地了解自己在运动中的心肺、肌肉等状况及恢复时间，给出休息或运动指导，避免错误的运动行为，纠正错误的运动习惯，提高运动效果。

例如，上班族每天对着电脑办公，长期久坐已经是一种常态，经常会忘记起身活动，很容易引发颈椎、腰椎、视觉疲劳等方面的问题。佩戴智能手环，可以开启久坐提醒功能，如久坐超过 2 个小时，手环自动振动，屏幕上坐着的小人图标开始起身走动，提醒用户该起身活动了。长期使用智能手环监测卡路里、心率、睡眠质量，及时了解自己的身体状况，积极进行健康管理，养成每天进行运动的良好作息。

2. 智能健身教练

在健身房健身的人群，无论是力量训练，还是耐力训练，在专业教练的辅助下，可以起到监督健身的作用，还可以指导健身动作，达到更好的健身效果。但是，聘请健身私教的费用也较高，甚至比办健身卡还贵。智能穿戴设备对于锻炼监控、动作规范等可以起到辅助作用。

例如，美国运动用品公司 Lumo Bodytech 推出名为 Lumo Run 的智能运动短裤，它在腰部安装有很多传感器和低功耗蓝牙模块，可监测运动、弹跳高度、骨盆盘旋、触地时长等细节，通过蓝牙耳机可以像私人教练一样发出语音指示，帮助用户调整速度和跑姿，提高效率，避免运动伤害。澳大利亚的可穿戴设备厂商推出智能瑜伽裤，在臀部、膝部和踝部位置嵌入感应器，配合"指导软件"

对瑜伽姿势进行监测，并振动提醒穿戴者的动作是否正确。Moov Now 运动手环可以配合 APP、耳机使用，手环能够自动识别跑步、游泳、自行车、力量训练等多种健身运动模式，用户在一边运动，一边实时听到耳机里传来的语音，包括纠正错误、运动技巧指导、加油鼓励等声音，就像身边真的有健身教练一样。

3. 运动导航

除了运动数据监测、规范动作指导，智能穿戴设备还可以为运动者导航。"导航智能鞋"是一种安装了触觉反馈感应器的智能鞋，既能监控运动数据，又能导航。这种鞋通过互联网或蓝牙与手机连接，用户只需对手机说要去哪里，识别软件将声音转换为信息，用导航系统规划路线，并以振动方式提醒用户在路口需要拐弯还是直走。用户在出发之前，预先规划好路线，出发后需要向左拐时，左脚鞋子发出震动；需要向右拐时，右脚鞋子发出震动；快到目的地时，鞋子震动加强。有了这样的设备，在不熟悉的地方跑步就不会找不到路了。此外，导航鞋对于盲人出行也可以作为一种辅助设备。

4. 提升健身效率

目前，在健身中使用的智能穿戴设备种类越来越多，不仅能在动作、姿势、发力等方面提供更精确的指导，还能提升锻炼效率，让锻炼"事半功倍"。例如，基于EMS 技术的智能健身衣，可以释放EMS脉冲波，模拟大脑神经中枢电信号，刺激肌肉自主高效运动，帮助用户实现快速燃脂瘦身的目的，锻炼 20 分钟相当于传统健身几个小时的效果，人们不需要满身大汗、筋疲力尽地健身，更加轻松省时省力就能达到健身或减肥效果。

5. 健身社交平台

对于健身爱好者来说，智能穿戴设备还为他们提供了新的社交平台。当前，"互联网 +"运动已变成一种社交载体，一种人与人的交际方式。例如，智能设备厂商通过与微信合作或搭载其他 APP 应用产品，把智能穿戴产品收集的用户运动数据、运动日志上传到互联网社交平台，朋友之间相互查看对方的运动路径、运动成绩等信息，用户还可以分享运动饮食、运动心得。在健身房，健身房的经营者可以利用智能穿戴设备组织健身"挑战"游戏，在设定挑战时间后，哪个参与者完成的成绩更好，就能获得奖励。

从心理学上看，每个人都有逐群心态，希望自己的运动数据和成果得到他人的关注和认同，从而获得满足感和群体归属感。通过智能穿戴设备，可以鼓励更多人加入运动行列，让运动、健身成为人与人之间交流沟通的桥梁，在运动中也不会枯燥、孤单。

6.VR 智能健身

如果说去健身房和跑马拉松是当前最流行的健身方式，未来将可能掀起一股全新的VR健身潮。例如，VR滑雪设备，这种VR滑雪体验是基于虚拟技术的多媒体展示，将虚拟场景和现实空间相结合，戴上VR眼镜可获得极具真实感的混合现实互动体验，感受"在滑雪场飞驰"的乐趣。此外，VR智能健身单车、VR智能划船机等一系列产品，集成科学健身、全景实境、智能传感、数据跟踪为一体，以VR虚拟现实技术，让人们足不出户就能体验到户外的各种健身设备和运动场景。

智能穿戴设备增加了运动领域的创新和想象空间，未来，我们可以打造出没有场所限制的"线上智能健身场馆"。把VR、AR穿戴设备与"虚拟健身教学场景"相结合，为用户提供标准化、个人定制化的视频课程，用户可以在家里使用智能穿戴设备，跟随视频教学内容进行沉浸式健身训练，如同面前有真实的教练一对一示范，增加了运动的乐趣。这种"健身＋科技"的新尝试，是对传统健身器材技术的一个革命性升级。

（二）专业运动辅助

与大众运动类穿戴设备不同，专业运动类穿戴设备需要更好的精准度，测量运动员的心跳、呼吸频率等指标，监控他们在速度、距离、耐力方面的数据。专为运动员研发的运动衣、运动鞋、袜子等智能装备，可以结合分析软件对运动员的身体状况进行评估，精准地指出运动员在运动过程中的细节，并且有针对性地对其进行纠正。教练、队医可以通过数据更客观地掌握队员状态，为运动员制订更有效的训练计划，从而提升运动员的表现。

1. 运动数据采集

运动数据内衣是用来收集运动员在场上位置、速度、耐力、心率、反应时间和疲劳负荷等参数的智能穿戴产品。运动数据内衣不是一套普通的内衣，它嵌入了芯片和各种传感器，在正面配有心率带，背面放置 GPS 接收器，还配有加速计、陀螺仪等，实时监测运动员身体状态，再将数据传输到计算机进行实时分析和对比。例如，目前欧洲很多足球队都使用运动数据内衣产品，如果一名球员的身体素质和运动状态在比赛中出现下滑，教练在场边通过电脑就可以获得运动员的状态数据，从而及时替换其他球员上场比赛。

专业级的智能运动手环，能够更全面、精确地追踪运动员的某些生理指标，如心跳间隔中的震动、皮肤含水量、体表温度、身体对于环境和运动的反应等指标。这些数据可以帮助运动员更清楚地掌握自己的身体状态，及时做出运动调整。教练、营养师可以根据每个队员的情况，为他们量身打造训练方案、营养搭配、恢复计划等，提升运动员的表现。

除了运动衣、手环，还有专门的智能运动眼镜。例如，在帆船比赛中，船员佩戴智能眼镜，可以计算和显示帆船的位置、速度、风向、性能等参数，并实时查看、传递信息，避免在比赛中分散注意力，减少不必要的时间浪费，让运动员能全神贯注地进行比赛。

2. 运动伤害评估

智能穿戴设备不仅帮助运动员更加了解自己的竞技状态，另外一个重要作用就是预防运动伤害和身体损伤，延长运动员的职业运动生涯。例如，锐步公司推出的智能帽子，这款产品是一顶配置运动传感器的无边帽子，传感器本身是一条柔性塑料传感带连接到计算模块，并有 LED 显示灯及 USB 端口。传感器可以持续测量运动员所受到的运动影响数据，在运动员再次上场前，可以评估运动员的受伤状况，并从一块屏幕上看到可视化的严重程度。还有针对橄榄球运动的智能头盔，可以监测运动员的头部遭受冲击的压力，严重撞击会发出闪光灯报警。

3. 运动姿势矫正

在体育运动中，运动姿势的正确与否，直接影响竞技水平发挥。对于运动员来说，很多细微动作，运动员或教练是无法用肉眼察觉的。因此，动作规范是很重要的工作，让运动员掌握动作要领，保持最佳动作姿势，防止错误动作。借助智能穿戴设备，可以采集运动员的运动姿态轨迹，并利用测评装置进行分析和对比。例如，跑步、游泳等运动，通过人工智能算法与测量 3D 运动传感器，将佩戴者在运动中的手臂、腿部等身体姿态与理想运动模型进行对比。目前，智能穿戴设备已应用于体育教学，对规范技术动作发挥了一定作用。

例如，高尔夫球运动对于动作的可重复性有着严格要求，想要实现完美的挥杆，球手需要精益求精地练习挥杆动作，并在教练的指导下，找出自身的不足。北京诺亦腾科技有限公司推出的 mySwing Pro 设备，是一套用于高尔夫球训练教学的全身动作捕捉分析系统，球手穿上全身无线的动作捕捉套装，套装上绑带了 17 个无线传感器，杆上传感器安装在球杆靠近把手的位置，可精确捕捉球手全身动作及球杆运动轨迹。通过 3D 模型、分析图表等多种辅助参考工具，球手可以实时在 3D 环境中观察自身挥杆动作，对挥杆的角度、加速度等数据进行分析。mySwing Pro 设备把球手每一次训练的运动数据上传到云端服务器中，教练可以通过数据掌握学员的水平变化和状态变化，并将其与专业球手的运动数据进行比对。

第二节　医疗：你的个人健康管家

一、"互联网 +"健康医疗的发展机遇

健康是人类永恒的主题，也是社会进步的重要标志。促进人类健康任重而

道远，实现人人享有的医疗健康服务和建立完善的医疗保障体系，是全社会共同努力的目标。

随着人均寿命增长、生活水平提高，人类对健康的关注和需求越来越迫切。目前，我国医改不断向纵深推进，全国医疗服务体系不断完善，医疗服务水平实现了显著提升。同时，伴随老龄化社会、居民基本健康需求增加等因素，我国当前的医疗卫生服务供给侧还不能完全满足人们日益增长的医疗健康服务需要。例如，我国还存在医疗资源总量不足、分布不均衡、医疗服务体系不完善、基层医疗卫生机构服务能力有待提升等问题。

近年来，"互联网＋医疗"得到迅速发展，移动互联网、大数据、云计算、可穿戴设备等新技术有效提升了健康医疗的信息化、网络化、智能化水平。"互联网＋医疗"也被认为是移动互联网时代"下一座金矿"，成为我国百姓就医和健康管理的新趋势。

2011年，以好大夫在线、春雨医生、平安好医生等为代表的移动医疗企业，建立了医疗健康类网站平台，利用医生碎片时间为公众提供在线医疗服务，改变了医疗资源的供给方式，填补了线下医疗机构的服务缺口。

2012年，随着智能手机和3G、4G网络的普及，我国进入了移动互联网经济发展快车道，移动医疗借势而起，各类健康管理APP大量涌现，向公众提供在线看病、医院查询、挂号预约、就诊提醒等医疗健康服务。

2014年以来，资本市场对移动医疗领域的关注度逐渐提升，腾讯、百度、阿里巴巴等互联网巨头和上市公司纷纷在大健康、移动医疗领域跨界投资和产业布局。例如，阿里巴巴集团旗下的阿里健康，将主要业务集中在医药电商及新零售、互联网医疗、消费医疗、智慧医疗等领域。阿里健康以用户为核心，推进医药电商及新零售业务，为大健康行业提供线上线下一体化的全面解决方案，对现有社会医药健康资源进行跨区域共享配置，在保障专业安全的基础上，提高患者就医购药的便捷性。

随着"互联网＋"经济风口渐起，智能穿戴设备产业也呈现爆发式增长。

医疗领域成为继运动领域之后，智能穿戴设备发展的又一大关键方向，越来越多的智能手环、智能手表等产品向医疗健康领域渗透。

2018 年 4 月，国务院办公厅发布了《关于促进"互联网＋医疗健康"发展的意见》，明确提出：推进"互联网＋"人工智能应用服务。开展基于人工智能技术、医疗健康智能设备的移动医疗示范，实现个人健康实时监测与评估、疾病预警、慢病筛查、主动干预。支持研发医疗健康相关的人工智能技术、医用机器人、大型医疗设备、应急救援医疗设备、生物三维打印技术和可穿戴设备等。顺应工业互联网创新发展趋势，提升医疗健康设备的数字化、智能化制造水平，促进产业升级。

2019 年 8 月，国家医保局印发了《关于完善"互联网＋"医疗服务价格和医保支付政策的指导意见》，支持"互联网＋"在实现优质医疗资源跨区域流动、促进医疗服务降本增效和公平可及、改善患者就医体验、重构医疗市场竞争关系等方面发挥积极作用。

随着"互联网＋医疗"政策不断健全完善，以及 5G、人工智能、传感器等新技术的突破与普及应用，智能穿戴设备在健康领域前景广阔。通过智能穿戴设备进行健康管理及个性化、移动化的医疗方式，借助数据化、可视化、智能化的终端设备和传感器，科学精准获取人体有关健康指标，形成动态监测数据并实时上传云端服务平台，及时提供医疗方案，时刻呵护健康。未来，随着智能胶囊、智能手环、智能健康检测产品等各种智能穿戴设备的广泛应用，必将对传统医疗模式及相关产业带来深远影响。

二、智能穿戴医疗设备的应用

美国医疗信息和管理系统学会"HIMSS"对"移动医疗"给出的定义为"通过使用移动通信技术——如 PDA、移动电话和卫星通信来提供医疗服务和信息"。具体到移动互联网领域，目前以基于安卓和 iOS 等移动终端系统的医疗健康类 APP 应用为主。大多数的移动智能医疗设备，结合了 AI 技术与移动互联网的优势，利用先进的生物传感器系统、人机交互技术、柔性电子材料等，实现对患者的生命体征监测及疾病治疗，并通过建立健康档案医疗信息平台，实现患者与医务人员、医疗机构、医疗设备之间的互动。

　　智能穿戴医疗设备是什么？就是指用户在日常活动或医院场景中可以直接穿戴在身上的便携式医疗设备，可与智能手机上的应用软件连接或独立运行功能，实时对用户身体状况进行感知、记录、分析、管理健康数据或辅助疾病治疗。

　　当前，很多医疗机构都在尝试利用无线互联的技术优势，将现有的医疗资源信息化，并整合到智能终端系统平台，以满足医生与患者之间的充分沟通。移动医疗的应用具体体现在很多方面。例如，一些长期患病或不便出行的老年人，可以使用智能穿戴设备监测身体状况，获取数据指标，通过终端远程与医疗信息系统连接，实现对患者的信息输出与导入，同时在线联系医生，及时提供诊治方案。医生无须查看患者的纸质化验单，通过患者在健康管理平台系统里的数据、病例信息、用药记录等实时读取患者信息。

　　由于医疗产品的特殊性，智能穿戴医疗设备一方面要考虑使用者的实际需求和穿戴体验；另一方面要达到医生对测量数据准确性的要求。对于使用者，可穿戴医疗产品在设计时要充分考虑用户佩戴时的舒适性、便携性，以及设备操作性、数据可视性，尤其是老人，即使不在亲人的帮助下也能使用设备。对于医生，数据的客观准确是最重要的，除了设备本身的技术条件，还需要考虑日常生活环境中工频干扰的影响，如果数据测量不准确，存在偏差，也就无法为医生对病情的诊断提供真实依据，失去了监测意义。

（一）家庭健康管理

　　如今，人们使用智能穿戴产品进行身体监测和健康管理已经成为潮流和趋势，不仅是为了遇到突发疾病时能够快速反应，更重要的是通过长期监测找出病情规律，制订健康管理计划，促进健康习惯的养成。与体积较大的传统医疗监护设备相比，智能穿戴设备更加小巧、便携，患者可以在家中长期使用，进行实时监测和长期监测。因此，智能穿戴产品在个人健康管理方面具有良好前景，智能穿戴设备通过生物传感器、检测器、无线通信等功能，记录人的心率、脉搏、体温、血压、血糖、血氧含量、呼吸频率等生理参数。

1. 血糖监测

2016 年，中国疾病预防控制中心、中华医学会等权威机构联合发布的《中国糖尿病防控专家共识》指出：我国糖尿病患病率为 9.7%，患者人数近 1 亿人，呈快速增长趋势。糖尿病是随着生活水平提高而带来的 "甜蜜负担"，已经成为危害人民健康的 "隐形杀手"。

众所周知，血糖日常检测是糖尿病患者每日必不可少要面对的事情，他们需要每天使用血糖仪刺破手指采血来检测血糖水平。几十年来，全球许多医疗机构都在研究快速、方便、无创伤的血糖检测技术。例如，光散射系数法、近红外光谱法、微波检测法，但仍没有任何机构推出的无创血糖仪能够真正完全满足临床精度的要求。如今，一些新型智能穿戴设备可以无创检测出血糖水平，减轻了糖尿病患者指尖采血的痛苦。

例如，美国得克萨斯大学达拉斯分校的科研人员研发了一款 "非入侵性可穿戴电化学生物传感器"，从汗液中测算葡萄糖水平。传感器通过检测汗液捕获葡萄糖氧化酶分子，聚合物的表面会发生酶促反应，就像血糖检测条一样显示血糖状况。韩国的基础科学研究所纳米颗粒研究中心，制造出一种基于石墨烯材质的透明纤薄，通过将电化学活性的柔软功能性材料整合在掺金石墨烯和蛇形金丝网的混杂物上，提升了设备检测能力。使用者只需要把它贴在手腕上，就能检测血糖。这款石墨烯智能穿戴设备不仅能够监测汗液葡萄糖水平和 pH，还可以在检测出血糖较高时通过温度反应性微针，自动经皮肤向患者输送降糖药物，不仅无痛，而且省去打针的麻烦。色列医疗公司推出的非侵入性血糖仪，通过使用特殊镜头读取用户手指的光学肤色变化，是一种光学诊断血糖水平的设备。

2. 心脏监测

根据世界卫生组织的统计，心血管疾病死亡率高于肿瘤及其他疾病。心血管健康已经成为人们关注的重点对象，很多可穿戴设备厂商将心率监测作为产品的基本功能。

例如，心率健康智能手环可配合手机APP使用，除了睡眠监测、运动追踪、来电提醒、未接电话、微信提醒、久坐提醒等功能，还可以监测心电数据，并通过云端大数据运算，提高对突发性心脏病提前预警的准确性。智能手环内置ECG医用芯片，在人体的每个心动周期，捕捉生物电信号的变化，全天候自动监测，综合各种数据对身体健康状态进行判断、分析、预警。ECG心电芯片主要用于单次精准测试，得出心率变异性，即心血管健康指数，综合评估心脏的工作状况；PPG光电测量心率用于实时监测记录，剔除误差，得出静息心率和平均心率值。ECG与PPG结合运作，可以更好地提升心脏检测的准确性。对于普通用户，可穿戴设备不仅要绘制出心电波形，还要把心电数据的呈现方式简单化，让人们易于看懂自己的心电结果。心率健康智能手环提供可视化的心电图，显示心电波形，用户可以直观地看到自己的心跳情况。在监测完毕后，通过云端心电数据分析自动生成心电报告。

Toumaz公司推出的Sensium Vitals是一款超轻、无线的可穿戴心电监测设备。Sensium Vitals的传感垫材质具有非侵入性且很舒适，连接到患者的胸部持续监测。Sensium Vital可以将患者的监测数据传送到医院电子医疗系统中，在患者的心率、呼吸或体温出现异常时，可以向电脑、显示器、寻呼机、医院工作人员的手机自动推送提示。

智能穿戴产品的最大好处是让心电监护进入了普通百姓家庭。在以前，患者出现心脏不适后，必须第一时间到医院检查心电图。通过智能穿戴设备，可以随时随地持续监测和记录心电数据，并可在手机APP上通过查看心电数据，及时了解自己心脏的状态。智能穿戴设备体积小、便于携带，可以实现长时间不间断的连续信息采集，改善了单次检测不准确的问题，能够发现短暂心律失常等常规一次性心电图不易监测到的异常。

从技术上看，智能穿戴设备绘制的心电图属于单导心电图，反映的数据相对简单，精确性和稳定性目前还无法完全达到医院专业设备的标准。因此，智能穿戴产品监测的数据更多属于预防筛查和参考意义，要明确病情，还需到医院由专业医生做进一步诊断。尽管如此，可穿戴心电监测设备仍然具有很大的意义。在日常生活中，大多数人并不了解自己的身体状况。尤其在心血管疾病的早期，很多心脏问题不容易被察觉。通过智能穿戴设备，可以有效帮助我们预防心脏健康危险，提醒用户及时就医，把心血管疾病扼杀于萌芽。

3. 血压监测

如今，高血压已不再只是老年病，越来越趋向于年轻化。调查显示，我国高血压人群有 2 亿多人，18 岁以上成年人的发病率高达 25%。长期吸烟、精神紧张、睡眠较差、精神压力过大、吃盐和动物内脏较多等因素都会引起患高血压，高血压已经成为严重危害人体健康的隐形杀手，会引起脑卒中、冠心病等心脑血管病及诱发多种疾病。传统血压仪体积较大、不方便携带，智能穿戴设备则小巧、贴身、便携，可实时监测血压变化。

血压是如何测量的？血压，顾名思义，是指血液在血管内流动时作用在单位面积血管壁的压力。全身不同部位的血压不同，通常所说的血压是指上臂的血压。传统的血压测量原理可分为听诊法和示波法，我们熟悉的水银血压计采用的是听诊法测量，电子血压计则是采用示波法测量。示波法是把袖带固定在手臂上，自动对袖带充气，对血管外加压力和开释外力，来辨认血管的舒张压和收缩压，压力传感能实时检测到所测袖带内的压力及波动，从而得出血压值。示波法的准确性相对较高，但产品体积大，成本也高，所以很少被智能穿戴产品使用。

目前，市面上用于测量血压的智能穿戴产品主要是智能手环。智能手环大部分采用光电传感来测量血压。其主要原理是利用手环中的光电传感器，采集手腕部位脉搏波的波形，分析脉搏波上升斜率及波段时间等特征参数，得出特定计算公式，估算出血压的数值。这种测量方法相对简单，成本也较低，可以连续监测血压。此外，还有光电＋心电测量法，利用光电传感器估算血压的高低，再利用心电模块对心电信号进行数据收集和处理，最后得出血压数据。

通过智能手环测量的血压结果还是比较准确的，具有一定参考价值。但是，人的血压是波动的，自然波动、情绪、运动、姿势等都可能在短期内影响血压数值，所以手环测量可能会存在误差。如果感觉头晕头痛等严重症状，还需去医院做进一步检查。实际上，多数疾病重在预防，如果已经感觉到头昏脑涨、身体不适，才主动去测量自己的血压，不能达到防治疾病的效果。智能手环的最大价值，是实现血压的日常追踪与持续监测，让人们时刻了解自己的血压变化情况，以便及时调整作息方式，养成良好的生活习惯。智能手环还能提醒按时服药，在紧急情况下发出预警，是人们的日常健康管家。

4. 体内监测

智能穿戴设备除了可佩戴在身体外部进行体征监测，还可以监测我们体内的健康状况。来自美国、以色列、澳大利亚等国家的研究人员都开发出了可吞咽的体内监测胶囊，能够在人体内部持续不断地监测患者的健康数据和服药情况，并向患者的手机或接收设备发送健康数据，帮助创建个人定制化的饮食方案。

例如，可以用于检测胃部的胶囊，胶囊里装有摄像机、传感器等先进技术设备，在服用后能够固定在胃里，并通过胃液实现自驱动。胶囊两端的摄像机，可以在胃里拍摄照片，持续观测患者胃部的溃疡、炎症、病变等情况，并实时将这些照片传送到相关的接收设备上。

此外，还有一种用于监测消化道的胶囊，可以测量肠道内气体的浓度。这种胶囊中包含气体传感器、温度传感器、微信计算机和电池等，检测肠道内食物发酵过程中产生的气体，如氧气、氢气、二氧化碳等气体的浓度，可以被用来监控患者对定制饮食的反应。

目前，体内监测胶囊已被用于临床，给肠胃病患者带来福音，患者定期吞下胶囊筛查疾病，免除了做肠镜、胃镜检查的痛苦。那么，体内胶囊是否安全呢？这类胶囊通常采用特殊封装技术，胶囊表面的涂层具有抗黏附、抗腐蚀性，不会产生不舒适感，也不会对身体产生危害。为确保胶囊在使用后顺利排出，还设计了一套专门设备对胶囊进行探测定位，保证患者的使用安全。

5. 孕婴监测

很多女性在怀孕期间，需要很早起床到医院排队进行产检。针对孕妇的智能穿戴设备，不仅能够随时监测胎儿的健康状况，及时发现胎儿问题，寻求医生帮助，还可以随时胎教，给孕妇创造一个良好的心态和孕育环境，促进胎儿发育和优生。

例如，专为孕妇设计的健康追踪器，孕妇在家可以进行胎心、血糖、血压等常规检查，这些数据信息可以传送到手机 APP，让医生了解胎儿的健康状况，并对患有妊娠糖尿病、高血压等高危孕妇进行健康评估和针对性指导。

智能胎教腰带可以识别音乐类型，腰带的迷你扬声器连接到智能手机，可以向胎儿播放适合的音乐并自动控制音量，防止音量过大对胎儿造成影响。

超声波扫描图设备，可以与智能手机的应用程序连接，将设备放在孕妇腹部，观测并抓拍胎儿的静态图、动态图，以音频和视频、照片的方式记录宝宝在孕妇体内的活动。

（二）疾病治疗与辅助康复

无论是对中国还是对其他国家来说，人口老龄化加剧、慢性病患者群体增长、医疗资源紧缺、 医疗费用等都是必须要面对的问题。随着移动医疗和智能硬件的发展，人们寄希望于通过可穿戴设备解决医疗行业的痛点。除了对生命体征监测之外，智能穿戴医疗设备还能够用于某些疾病的治疗和辅助康复。

1. 电疗

电疗是物理治疗方法中最常用的方法之一，电流可以起到放松紧张的肌肉、刺激神经肌肉收缩、促进生物分泌、消退炎症和水肿等功效。目前，市场上有很多种能够为用户减轻疼痛的可穿戴设备。例如，经皮神经电刺激疗法，是通过皮肤将特定的脉冲电流输入人体以治疗疼痛的电疗方法。传统方法需要将机器与人固定，而最新的可穿戴设备在小型化、无线化之后，可置于松紧带内，很方便地佩戴于头部、身体和四肢等各个部位上，用于缓解肌肉酸痛、治疗慢性疼痛等。

2. 磁疗

磁疗是利用磁场施加于人体的经络、穴位和病症部位，对于头痛、失眠、高血压、冠心病，以及腹泻、颈椎病等均有效果。目前市场上与之相关的可穿戴治疗设备有磁疗衣、磁疗帽、磁疗腰带、磁疗腹带及磁疗饰品，对某些疾病能够提供辅助治疗和保健作用。

3. 声波疗法

在现代科技中，能够产生超声波的方法有很多种。例如，可以利用压电式超声发生器，它是根据压电效应的原理制成，这种设备可以佩戴在人身上，超声发生器会产生不同频率的超声波，通过一条线与声波传送片连接，声波传送片黏附在人的皮肤表面上，对某个部位进行持续刺激，通过声波加速体内胰岛素分泌，这种疗法对于治疗二型糖尿病具有一定效果。

4. 血糖控制

手腕式血糖控制仪是基于 Bio-MEMS 技术，即 MEMS 技术在生物学领域中应用的微制造技术，主要由提取血液的微泵、血糖传感器和推送药物的微泵构成。它的工作原理主要是通过微针监测血液中的血糖浓度，再借助泵来注射药物，以控制血糖的正常范围。如果检测出血糖浓度过高，注射胰岛素降糖；如果血糖浓度过低，注射葡萄糖提高血糖。这种手腕式血糖控制仪，对于需要每天给自己注射胰岛素的一型糖尿病患者，是一项有价值的产品。

5. 心脏除颤

可穿戴式心脏除颤器作为一种新型的体外自动除颤器，已在欧美国家开始用于临床治疗。可穿戴式心脏除颤器主要由除颤电极带和除颤主机组成，外观近似背心，可以贴身穿着，能在患者出现意外时提供保护。背心穿在患者身上，当除颤器检测到心率超出了安全频率时，报警器会通知医护人员进行除颤或自动除颤。

6. 关节炎治疗

一种名为 MANOVIVO 的"智能手套"，可以用于类风湿关节炎患者的治疗过程。这款"智能手套"由可调节的"戒指"组成，可以戴在手指、手背和手腕上，同时配备了传感器，测量手部的微小肌肉运动，以评估手部功能障碍的程度及如何稳定它，用于增强物理治疗期间的恢复过程。

7. 多动症治疗

多动症是一种常见的儿童心理疾病，主要表现为自控力差、注意力不集中、活动过多等，多动症患病者通常难以集中注意力去完成一件事。有一种特殊的智能眼镜，可以实时测量佩戴者的脑电图，在佩戴者的注意力降低时通过发出震动，提醒其不要分心，集中注意力，通过这种方式可辅助多动症治疗。

8. 情绪调节

美国研发了一款头戴式穿戴设备，以神经元信号技术为基础，可以转换人的心情。这款设备利用经颅直流电刺激 TDCS 技术，由一系列与手机相连接的电极组成，通过手机应用程序，可选择精力充沛、保持平静或维持专注力3 种模式。之后，微量电流将通过皮肤的刺激传达至大脑，从而改变人的脑波，将负面情绪转化为正面情绪，让人感觉到充满正能量或是感觉放松。

第三节　生活：家庭生活的智能助手

智能穿戴设备的崛起，使人们的日常生活逐渐趋于智能化，不同的设备适合不同的人群，一款好的智能穿戴产品能让我们的生活更加便捷、安全，能够带给家人更好的呵护。

一、老年人穿戴设备

目前，中国正在步入老龄化社会，随着老年人口比例日益增多，智能养老的概念应运而生，很多针对老年人使用的智能穿戴产品被研发出来。这些设备操作简单、体积小巧、便于携带，适合于居家老人使用，能随时随地监测老人的身体状况，及时发现健康隐患，知晓他们的活动轨迹，防止老人走失，提醒老人按时吃药，指导老人日常生活中的各种健康事项，改善老年人的生活质量，出现危险隐患时报警系统就会通过手机提醒老人的家人，为解决老龄化社会的一系列问题提供了新的出路。

（一）找到遗失物品的眼镜

国外科研人员研发出了一种"能找到被遗忘物品"的智能眼镜，这款智能眼镜装有微型摄像头、微型显示器、物体识别软件和能够在几秒内辨别新物体的微型电脑，可以跟踪记录佩戴者看到药盒、钥匙、遥控器等常用物品的位置。当佩戴者再次寻找该物品时，只要念出该物品的名称，如"钥匙在哪"，智能眼镜会播放佩戴者最后看到钥匙时的一段录像。这款眼镜还可以支持从互联网下载数据，数据库更新之后，眼镜能够识别更多新事物。这款产品对于老年群体和健忘的人十分受益，可以帮助他们寻找日常生活用品。

（二）老年人的智能手表

老年人的健康和安全一直是子女担心的问题，尤其对于一些不会使用手机的高龄老人，需要更简单易用的电子设备，在需要时及时提供求助。目前，市场上有很多种类的老年人手表，它们有着很多共同功能，主要是把 GPS 定位、打电话、发语音、紧急呼救等诸多功能集成到手表上，老人无论在家或出门，儿女随时随地监控老人的安全。GPS 定位功能，是老人定位手表的核心功能之一，定位可以采用 GPS、LBS、Wi-Fi 等多重定位，位置可以精准到 5～10 米。SOS 一键求救功能，这对老人来说也非常重要，老人在家发生意外，外出摔倒，手表上有一键呼救，可以在最短的时间内联系到子女，得到及时的救助。定位看护，如果老人患有阿尔茨海默病等疾病，亲属可以在地图上为老人设定一块安全区域，当老人离开此区域时，智能手表就会自动给亲属发出警报，还可以借助定位功能查看老人近期的行动路径，如老人去过的地方及停留时间，及时掌握老人的行动轨迹，防止走失。

老年人智能手表通常还有心率检测、吃药提醒、音乐播放等功能，可以辅助老年人生活，增加老人的生活辅助和生活乐趣。

（三）防摔倒智能鞋

随着年龄的增大，再加上各种疾病的影响，很多老年人会出现腿脚不便、自理能力变差。例如，摔倒造成骨折，会对老人造成严重损伤甚至致命。一些科技公司研发出了智能老人鞋，鞋内安装了压力传感器、驱动单元、充电电池、微处理器，鞋后脚跟部位内置有履带，当检测到老人身体失去平衡即将跌倒时，履带就会启动，将老人的一只脚向后挪动一定距离，以此来帮助老人重新获得平衡。

（四）智能安全腰带

智能安全腰带的外观与普通的腰带一样，在腰带内部装有安全气囊。腰带上的运动传感器实时监测佩戴者的运动并将数据传到腰带上的微处理器。如果老人走路时即将发生摔倒，腰带探测到危险，通过冷气增压泵迅速给气囊充气并展开，起到保护作用，避免老人严重摔伤。同时，腰带还能通过蓝牙向附近发出救援。

二、婴儿穿戴设备

除了为成年人设计的智能穿戴设备以外，专为儿童研制的智能穿戴设备也逐渐受到关注。由于婴儿的皮肤娇嫩，成人使用的手环、手表并不适用于婴儿，这类穿戴设备在材质、面料和安全性、舒适性方面需要更高的要求，因此，更适合的载体可能是婴儿贴身衣物等。婴儿类穿戴设备主要是记录与监控婴幼儿的睡眠、翻身、体温心跳等生理指标。此外，如果出现婴儿可能爬出床掉下地等意外危险，设备及时向看护者发出警报。

（一）婴儿智能睡衣

婴儿智能睡衣设有生物传感器，传感器能够实时记录婴儿的体温、活动和身体姿势等，父母在手机上可以查看测量结果，如果婴儿饿了或该换尿不湿了，也能提醒父母。有了智能睡衣，即使父母与婴儿不在同一个房间、同一张床上，也可以实时监控到婴儿的各种状况。

（二）婴儿智能袜

这种智能袜放置了传感器、脉冲血样计等，在婴儿睡觉时能够监测婴儿的心率、体温、血氧和睡眠质量等数据，手机可以下载配套的应用程序，父母通过手机或电脑随时了解婴儿的状态。这类智能袜还具有"翻身提醒"的功能。婴儿在睡觉翻身时，如果压到了心脏、口鼻或导致呼吸阻塞，智能袜会向父母发出提示。

（三）婴儿腕带

婴儿腕带是一个佩戴在婴儿踝关节的监控设备，它采用医用材料，内部有感应器和电池，对婴儿和周围环境进行监测和分析，可以跟踪婴儿心跳、动作、皮肤温度，以及房间温度、湿度。腕带内置蓝牙，与手机配套的应用程序进行连接，软件会自动发送数据给父母手机。

三、宠物穿戴设备

（一）宠物健康

宠物健康监测项圈可以监测宠物是否生病，宠物主人借助这款设备可以实时了解宠物的身体状况，项圈上设置有传感器，可以监测宠物的体温、脉搏、呼吸、活动、行走距离和热量消耗等生理指标，主人们可以在移动设备的 APP 上获知宠物的健康状态。当这些体征数据持续出现异常时，应用程序就会提示主人，并可以与兽医在线沟通。

（二）宠物追踪

宠物丢失，这是众多养宠物人最担心的事情。随着养宠物的人越来越多，每年都有不计其数的宠物猫狗走失。针对宠物的可穿戴追踪设备，如佩戴在猫狗脖子上的智能项圈，内置 GPS 追踪器、运动监控器、蓝牙连接、移动网络等，能够时刻追踪宠物的活动情况。设备搭配的手机 APP，主人可以在手机 APP 地图上查看宠物当前的位置，追踪宠物的运动轨迹。此外，还可以设置"虚拟栅栏"，一旦宠物超出设置区域，主人就会接收到报警。

（三）宠物沟通

宠物能够与人交流吗？通常，宠物能够通过声音、表情、动作向主人表达自己的意图。科学家开发出一种宠物智能穿戴设备，能够实现人宠之间的"语言沟通"。这种设备内置微型电脑和扬声器，宠物戴上之后可以扫描它的脑电图，经过分析之后，用人类语言通过扬声器发出如"我饿了""抱抱我""我要出门"等简单的意思，通过这种方式，主人可以更有效地了解自己的宠物，让人与宠物的关系更亲近。

第四节　电影：虚拟与现实完美结合

一、动作捕捉与电影特效

我们在好莱坞电影拍摄的花絮里经常看到，演员穿上带有很多"亮点"的"紧身衣"，在一块绿色幕布的前面进行动作表演。这种技术被称为动作捕捉(Motion Capture)，动作捕捉是指在运动物体（包括人、动物或移动物体）的关键部位设置跟踪器，拍摄物体真实的运动轨迹，再由计算机处理后得到三维空间坐标的数据，最后将这些动作还原并渲染到相应虚拟形象上，使虚拟角色的动作和真人一般自然、逼真。

可穿戴式动作捕捉设备一般包括传感器、反光标识点、动作捕捉镜头、数据传输设备、数据处理设备等硬件和空间定位定标、运动捕捉及数据处理等软件。传感器可以绑在人的头部、腕部、手指、四肢等不同部位或整个身体上，准确、实时地捕捉佩戴者的当前姿态，提高虚拟现实感，增强用户的体验效果。

　　动作捕捉技术是影视预演中的常用手段，尤其是酷炫、特效多的大片。例如，《阿凡达》《指环王》《复仇者联盟》等好莱坞科幻大片，几乎都会用到这种技术（图2-1）。我国在这方面的技术刚刚起步，以《寻龙诀》为例，动作捕捉系统为影片的数字预演和特效制作提供大量动作捕捉工作，让影片在数字动画预演环节如鱼得水，在保证质量的同时又加快了影片的制作速度，为影片制作周期和成本得到良好把控起到了重要作用。

图 2-1　电影《指环王》中运用动作捕捉设备生成特效

二、动作捕捉设备的应用价值

　　在动作捕捉领域，模拟手部运动是一个难题。诺亦腾 Perception Neuron 是一款轻量级动作捕捉系统，其小巧、轻便、易拆，可以绑在人的手指上，检测人手指的动作。在比一角硬币还小的体积内，Neuron 节点完整集成了加速度计、陀螺仪及磁力计的惯性测量单元，从 3 个节点到 32 个节点，可以随意配置 Perception Neuron 的节点数量。从单纯的手臂动作到精细到手指的全身动作，都可以用它来捕捉，配合动作捕捉算法，让每一个真实动作在虚拟世界里逼真再现。Perception Neuron 支持 Wi-Fi 模式无线互联、USB 外部供电、SD 卡脱机存储。很多开发者和艺术家使用 Perception Neuron 进行创作。北京诺亦腾科技有限公司联合创始人兼 CEO 刘昊扬表示，"通过动作捕捉系统，将人的动作实时记录下来，然后同步到虚拟世界里，你可以在虚拟世界中看到自己的身体，了解自己的动作，这看起来是一件非常有价值的事情，要让每一个人都能享受到技术带来的福利。"

诺亦腾 Perception Legac 是一套基于惯性传感器的全身无线惯性动作姿态捕捉系统，面向专业影视制作。该系统可以输出精准的单人、多人动捕数据。硬件方面，Perception Legacy 单模块重 12 克，全无线设计便于穿戴，在人体全身 17 个关键节点部署高性能 9 轴惯性传感器，既能精准重现极其细微柔和的手部动作，也能准确捕捉大动态奔跑、跳跃、翻腾等动作。适用于各种室内外场合使用，不受光照、布景遮挡所限，具有防水、抗磁场干扰、温度适应性。软件方面，设备配有多窗口、多视角的 3D 显示操作界面；可实时查看、录制、编辑和回放动捕数据，实时监控传感器状态；23 段骨骼人体模型，骨骼数据可编辑，满足任何体型的动捕需求；智能数据平滑降噪，节省后期制作时间，可以双人、多人同步动作捕捉。

随着动作捕捉技术的发展和普及应用，大大提高了影视、动画的制作水平，降低成本，让虚拟角色变得栩栩如生，效果更生动。

第五节　游戏：全新升级的互动体验

虚拟现实游戏，英文名为"Virtual Reality Game"，玩家穿戴上具有虚拟现实功能的游戏设备，就能看到一个可交互的虚拟环境，玩家可以与该虚拟空间内的事物进行游戏互动，感受到身历其境的体验。

诺亦腾 Project Alice 是一个大空间多人交互虚拟现实（VR）解决方案，这套系统包括头显、惯性动捕服、光学跟踪系统、动作手套、背负式计算机，将虚拟现实头显、光学—惯性混合定位系统和背负式计算机整合在一起，能精准追踪多个物体和用户，其应用场所可以是几平方米至几百平方米的空间，多人同时使用，为用户带来身临其境的沉浸式和交互式的体验。例如，基于 Project Alice 设计开发的多人塔防游戏，可容纳 4 名玩家同时进入游戏虚拟场景，可以选择和朋友组队、对战、竞赛等多种游戏模式。Project Alice 的光混定位系统实现了毫米级追踪精度，可在游戏空间中追踪多个用户和物体。在游戏中，玩家可以在虚拟空间中准确地拿取、拼装、拆装、传递道具，可以通过拆解和重组变换为不同的子弹形式。通过穿戴在腕部的振动模块，在游戏时给使用者即时的震动触觉反馈，带给用户自然的交互体验。Project Alice 既包括人和虚拟世界的交互，也包括人与人、人与物之间的交互。简单来说，现实的物体能够在虚拟游戏世界中出现，玩家能够触碰到真实的物件，并与之自由互动。可穿戴虚拟现实游戏设备让虚拟世界与现实感官融合，多样的交互方式和立体的三维空间，增加了游戏的沉浸感、体验感。

第六节　教育：让学习更加简单快乐

读书、背书对于每个学生来说可谓家常便饭。有时候，单凭死记硬背、老师黑板授课的方式，难以激发学生的学习兴趣。随着 VR 设备的发展和普及，"VR+ 教育"打破了传统教学中存在的弊端，让学习更简单、更快乐、更有趣。

"VR+ 教育"有几大优势。第一，VR 设备可以利用游戏化、场景化、沉浸式等多元化手段，在虚拟场景中给学习者提供"实操"机会，在栩栩如生、丰富多彩的虚拟环境中，直接与教学内容互动，有利于更直观、生动地进行学习，激发学习者的兴趣和积极性；第二，VR 设备戴在头上后，在一定程度上"捆绑"学习者的注意力，有利于注意力高度集中，提升学习效率；第三，一些知识是无法用语言来描述的，如历史场景无法直观地展示出来，VR 教学打破时间、空间的限制，将一些高端科技、现实无法达到的场景进行模拟或还原，学生在虚拟场景中可以登上月球、潜入海底甚至穿越到古代。

将 VR 设备引入学校，学生戴着 VR 眼镜完全沉浸到虚拟世界中，调动了学生的学习兴趣，增进对知识的理解。例如，"VR+ 教室"是虚拟现实教育整体解决方案，包括硬件、软件、内容及服务，让学生得以在超越现实的虚拟教学环境中体验到无法用传统图文、视频达到的拟真教学情景。例如，"VR+ 教室"设备提供的"遨游太阳系""人体探秘""创客 V 空间"等标准"STEM"教育内容，通过高解析度头显、图形渲染计算机、中央服务器及混合空间动作捕捉系统，学生们可以同时进入虚拟现实空间，自由移动，自由观察，与虚拟空间中的物品互动，让学生们在身临其境的场景中学习。

除了教室中的教学，"VR+ 博物馆"创新传统博物馆参观模式。通过可穿戴 VR 设备，可以在虚拟空间中融入更多场景，让观众看到动物的栖息环境、博物馆的虚拟展品。在 VR 博物馆中，观众可以像在传统博物馆里一样自由走动，还可以用手持控制器或交互手套与环境中的物品进行互动，让博物馆的科普教育更有趣味。

如今，国内外的很多科技企业、教育机构都在积极布局 VR 教育，开发了各种基于 VR 穿戴设备的智能硬件和教学软件。我国发布的《国家教育事业发展"十三五"规划》中鼓励利用 AI、VR 探索未来教育新模式。我国地方教育部门也出台相关规划、政策，加大对 VR 教育行业的支持。虽然 VR 技术在实训教学中还处于探索阶段，但 VR 教育的前景非常广阔，未来"VR+ 教育"模式将成为推动我国教育事业的新路径。

第七节　城市：助力城市智能化管理

一、智能安防

当前，公共安全问题越来越受到全球各国重视，如何以科技手段支撑公共安全，提升安防工作效率显得尤为重要。传统安防需要花大量的人力物力进行人工排查和确认，与传统安防相比，智能安防融合了智能硬件、生物识别、大数据分析等高科技手段，让安防工作更省时、省力、快捷、精准。用于安防的智能穿戴设备在机场、火车站、演唱会等公共场所广泛应用，在公安机关执行日常巡逻、户籍调查、出入境管理和刑事案件侦查中也已经开始进行探索使用。执法者戴上一副智能眼镜，就能开展执法拍摄、身份识别、远程指挥等工作。很多国家开始为警方配备智能眼镜，几秒钟便可识别出犯罪嫌疑人。

　　移动智能安防与传统安防相比，具有特殊优势和发展前景。例如，传统执法记录仪一般佩戴在胸前，执法者在处理事件过程中受到拍摄角度影响，容易错失对方的面部图像信息；手持执法摄像机在拍摄时需要专人操作，增加了人力成本。戴上智能眼镜，拍摄视角与执法者看到的视角保持一致，所见即所摄，无须调整拍摄的角度。传统的证件识别方式，需要人在手持设备上进行识别，戴上智能眼镜后，只要注视身份证、驾驶证等证件，数秒之后眼镜就能对证件自动识别。智能眼镜还可以与警方的数字监控系统联网，与警方数据库比较，及时发现嫌疑人或可疑车辆，提高警方的工作效率。

　　例如，北京枭龙科技有限公司推出的"AR安防智能眼镜"，这种多功能专用AR智能眼镜基于视频图像动态人脸识别系统，可以自动检测视频或现实中的人脸区域，快速提取面部特征，实时显示人员信息，同时兼容身份证识别（图2-2）。

图2-2　AR安防智能眼镜

AR 安防智能眼镜还可以接入交通部门车辆信息系统，运用深度学习技术，在车流量大的地方进行快速车牌识别，并实时显示车辆的违法、违规记录，提高查证效率。安防智能眼镜可以第一时间将现场视频通过 3G/4G/5G/Wlan 快速回传指挥中心，指挥员实时掌握情况，设备可以双向语音、文字实时沟通，与指挥中心进行实时对接，执行员和指挥员可以同时对现场情况做出判断并制定执行方案。

随着技术的发展和突破，智能穿戴技术 "解锁" 的应用场景也会越来越多。智能穿戴设备对于安防领域带来的改变让人期待，能够为我们打造一个安全的公共环境。

二、智慧城市

智慧城市（Smart City）的概念起源于智慧地球。2008 年，美国 IBM 公司在《智慧地球：下一代领导人议程》主题报告中首次提出 "智慧地球" 理念，其一经提出，引起了全世界的关注。智慧城市是智慧地球的概念延伸，体现了城市资源、环境、人与技术的统一。智慧城市是指以互联网、物联网、无线通信、云计算、大数据、人工智能等新技术为基础，在城市管理、运行和发展的各个环节，实现信息化、网络化、数字化与智能化，使城市管理更加科学，城市服务更加智能，市民生活更加美好。

经过十多年的探索，智慧城市的建设已进入了新阶段。未来，智慧城市将成为现代化城市的发展趋势。

智能穿戴设备是通向智慧城市的一把智能钥匙，能够在智慧医疗、智慧金融、智慧教育、智慧养老、智慧出行等方面发挥重要作用。随着我国社会信用体系建设和信息化发展，智能穿戴设备将在城市服务行业大显身手。

未来，人们出门无须携带银行卡、公交卡、打折卡等各种卡片，只需佩戴智能腕表就可以解决身份认证、支付等问题，让生活更加简单、便捷。我们只需要带着智能手表或手环，坐地铁时，把手腕靠近闸机进行刷卡，不用在乘坐地铁、公交车前匆忙在包里寻找公交卡或手机。从交通延伸到其他领域，各种银行卡、信用卡、会员卡、积分卡，理论上都可以整合到一个智能穿戴产品中，外出不用带着钱包甚至手机，付款、身份识别、乘坐交通工具、通信等，有了智能穿戴设备，解放双手，轻松出行。

第八节　工业：人机一体化融合创新

当前，随着信息化、人工智能和智能穿戴设备等技术融合发展，传统工业正在向智能制造转型。如果传统工业是"人机分离"的操作方式，那么智能制造则实现"人机合一"，借助各种智能穿戴设备，工作人员可以更安全、更简单、更高效地进行各种操作。

工人在危险环境中作业时，智能设备可以装在安全帽上或直接连接在佩戴者头部，提供语音指令、系统接入、文档可视化、远程协助、数据传输、紧急援助等功能。设计师借助 AR、VR 眼镜和计算机，将二维图纸与三维模型相结合，呈现沉浸式三维仿真的智能图纸，为城市规划、室内设计、建筑工程、古迹修复等工作提供更好的解决方案。穿上外骨骼动力装置，搬运工人可以拥有超越常人的力量，举起百公斤重物轻而易举。

一、工业智能眼镜

未来的智能制造业将融入物联网、大数据、人工智能、VR/AR 等先进技术，把人和机器更有效地连接在一起。AR 眼镜可以帮助技术工人、维护人员高效工作。例如，设计师佩戴 AR 眼镜，就能查看机械、设备的三维图样或内部结构；远程协助可以节省成本，专家戴上智能眼镜后无须到现场，通过工作人员的观看视角就可以掌握实现的情况。未来的产品设计、制造将走向数字化、智能化，VR/AR 智能设备将越来越多地应用于工业场景。

例如，北京枭龙科技有限公司推出的针对工业制造领域的企业级 AR 智能眼镜。运用双目大视场角显示、虚实融合、复合人机交互等技术，具有"信息近眼显示"的功能，结合"云＋端"一站式 AR 服务平台，为工业企业提供工业巡检、远程维修、仓储物流、工业制造等解决方案。这种工业智能眼镜采用分体式设计，双 OLED 显示屏，12 小时的续航时间，可以采用手势操作、语音识别、触摸板操作等多种交互方式，搭配磁吸式近视镜片，其便携、易用、可靠的特点，大幅提升工作效率。在工人工作时，利用增强现实、图像识别、多方双向云视频通信等技术，实现复杂设备的远程维修。现场维修人员佩戴 AR 工业智能眼镜，与远程专家建立实时双向语音与视频连接，专家远程可看到现场第一人称视角直播画面，并通过文字、语音、AR 标记、发送资料等方式指导现场维修人员进行维修（图 2-3）。

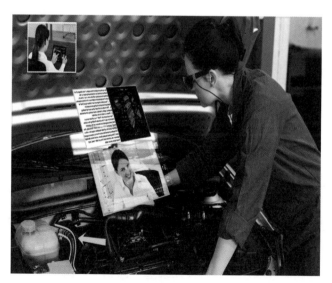

图 2-3 AR 智能眼镜在工业领域的应用

工业智能眼镜，最重要的价值在于使作业人员更加安全、高效地完成工厂或野外任务。通过头戴式显示屏，以及语音控制、增强现实、工业物联网和移动软件等最新技术，工人可以在作业中实时调取工作指令、任务流程、文档可视化，同时将实时数据、文档、健康和安全信息进行可视化呈现。

AR智能眼镜在工业、商业领域的应用前景广泛，除了制造业和工程项目，在企业展厅、展览展会、艺术馆等中，基于VR/AR/MR的智能眼镜设备也能够发挥出独特的价值。相比实物产品的企业展厅，智能眼镜可以让产品演示过程更丰富、生动、透彻，通过三维动画技术和虚拟仿真技术，实现360°旋转观看及内部结构透视，全方位展示产品的各个细节，客户通过三维形式直观了解产品的工作原理及操作过程，还能身临其境体验产品的各种使用场景，既为企业节省了空间场地，又有效宣传了产品。AR智能眼镜还能搭载智能融媒体系统，可以成为一款集采集、编辑、分发于一体的融媒体智能穿戴设备。例如，AR融媒体智能系统具有防抖摄录、AR显示、人脸识别等功能，可以广泛应用于突发事件和重大活动实时全流程录制与抓拍、远程指挥、重要人员自动识别、日常采访摄录等，是融媒体时代的智能采编设备，有助于提升媒体从业者的工作效率和媒体行业的时效性。

二、可穿戴外骨骼装置

随着全球制造业迈向数字化、智能化的时代，科学家开始探索各种可穿戴的外骨骼设备，为产业工人减轻工作负担。尤其是对于长期从事高强度、重复动作的工种，如组装车间、搬运，工人在穿戴设备的辅助下，可以更省力地搬举重物，在更加轻松的工作环境下，有利于提高生产效率，同时能够在一定程度上防止疲劳作业，避免工作事故发生。

1. 搬运"神器"

松下公司一直致力于外骨骼技术的研究，为工人赋予"超人"之力。例如，松下公司研发了为搬运作业工人减负的轻便版外骨骼支架，在背部、腰部、大腿、小腿到脚部的部位，用碳纤维材料支撑，配合由传感器控制的动力马达，可为使用者减轻负重15千克。在上海工博会上展出的"AWN-03B"动力外骨骼装置，采用智能控制，腰部集成的传感器对人体姿势进行检测，并给予恰当的力量辅助，可进行抬起、弯腰保持及辅助步行，在搬运重物时可以减轻负重，续航达到8小时。"AWN-03B"通过小型高功率马达控制体积，碳纤维素材和树脂传动齿轮使其比金属制品轻了50%。这款可穿戴设备已经实现量产，并在日本物流、工业生产搬运环节使用。据悉，松下在研发一种外骨骼套装，使用者穿上后就像是现实版的"钢铁侠"，这类可穿戴设备能让人类能够适应更高强度的工作环境。

2."穿在身上"的椅子

瑞士 Noonee 公司研究了可穿戴的椅子"Chairless Chair"，人可以像外骨骼那样将其穿在腿上。按下激活按钮，当穿戴者感觉累的时候，只要将双膝弯曲，做出"坐椅子"的姿势或"蹲到某个角度"，支架就会自动锁定在一个支撑位置，人可以坐着休息并根据自己的习惯调整坐姿。当人站起来的时候，只需按一下激活按钮。设备未被激活时，穿戴者可以正常走路。这款设备由铝和碳纤维材料所制作，重量仅2千克，是为了让长期在流水线工作的工人们而设计，工人不用依靠自己的关节支撑身体，减少了因长时间站立所造成的疲劳或肌肉损伤，提供身体保护的同时提高生产效率。

第九节　军事：提升单兵作战的效能

智能穿戴设备不仅在民用、工业领域被广泛应用，在军事领域同样具有较好的发展前景。智能头盔可以帮助士兵查看数字化地图、快速获取情报、传送信息，军用外骨骼装置能够提高士兵携行能力、装甲防护能力及减轻负重，可穿戴式太阳能充电系统可以为士兵携带的电子设备持续供电，智能内衣用于士兵的生理状态监测和伤情检测。随着人机交互技术、传感技术、柔性电子材料的不断突破，未来战争呈现信息化、数字化、科技化，智能穿戴设备作为单兵重要装备，决定了士兵的作战能力和生存能力。

一、智能化装备

在现代战争中，士兵的装备主要包括武器、防弹衣、GPS 装置、通信设备、夜视仪等，其中包括很多电子设备。英国 ITL 公司研发的智能防护服装备"Spirit"，采用了模块式、隐藏式的设计，服装表面上内置了很多插头，用来连接电源和各种插件，士兵可以实时进行数据连接，还可以为随身携带的电脑、通话器等电子设备充电。

AR 军用单兵头盔，采用增强现实、纳米光栅波导显示、复合人机交互等技术，具备基本防护功能的同时，融合了 AR 近眼显示、通信、定位等功能，满足战场上多样性功能需求。这种设备采用了纳米光栅波导显示技术，士兵通过 AR 军用单兵头盔实现作战地图、作战指令、敌友军信息等的近眼显示（图2-4）。

图 2-4　AR 军用单兵头盔

AR 军用单兵头盔还可以与临近的友军、指挥中心进行通信，操作过程中不需要占用双手，使士兵具备实时发现、跟踪、定位、攻击目标的能力，有助于士兵及时掌握战场态势，并提高单兵的作战和生存能力。此外，这款 AR 军用单兵头盔可以使军官在"便携式指挥中心"直接部署军队并指导作战，利用增强现实技术模拟出真实沙盘，沙盘可以在 2D 图、3D 图、卫星图之间随意切换，显示真实地形地貌，将作战态势实时显示在虚拟沙盘上，指挥员同时可以观看讨论，实现整个战场信息的高度共享。

二、提升士兵作战能力

在军事外骨骼领域，各个国家都纷纷研制了相关装备。例如，美国研发的辅助机械臂能够帮助士兵携带步枪与重机枪等武器，下肢外骨骼系统则让士兵行走更远距离，全身盔甲式结构的外骨骼系统能够与士兵全身结合；法国研发的"大力神"可穿戴式外骨骼结合了机械装置、计算机和电子装置，帮助能够辅助士兵运送较重载荷，增强其在战场上的负重能力和持久作战能力；英国研发的"矫正负重辅助装置"采用铝和碳纤维复合材料制成，通过与士兵背包和靴子相连的机械腿帮助士兵分担负重。哥伦比亚设计的自动侦测地雷的靴子，通过鞋底的导电材料装置产生电磁场，从而侦测地雷。

为了减轻负重对士兵造成的慢性损伤和体能消耗，外国科学家研制了一种新型智能作战服。这种作战服是一种轻量化的软式动力装置，其构造主要包括动力背包，缠绕于骨盆、大腿并延伸至小腿的固定束带，足部有绑带和传感器，整套部件由一条从足部连接至动力背包的钢缆串联，通过电脑判断使用者的动作以伸缩钢缆，从而减轻士兵的体能消耗和骨骼、肌肉劳损。新型智能作战服的目标是减少 25% 体能消耗、全重在 6 千克以下、耗电在 100 瓦以下。相比于硬式外骨骼装置，这种新型智能作战服的成本低、重量轻、柔软性好、耗电量较低，适合广泛配发给士兵，特别是对远距离徒步需求的步兵单位。

未来，随着技术壁垒的突破和制造成本的下降，智能穿戴装备或将成为未来战争中士兵的制式装备，不仅增强士兵的负重能力、战斗能力和机动灵活性，还可以对士兵生命体征进行检测，提升防护能力和生存概率，最大限度地降低战斗伤害率和死亡率。

第三章

智能穿戴产品

第一节　头戴式智能产品

一、眼镜类

在过去，眼镜是用作保护眼镜或矫正视力的工具，抵挡阳光有墨镜，看不清东西有近视镜、老花镜。而在今天，眼镜已经被赋予了智能可穿戴设备的功能，其外观时尚，使用方便，像智能手机一样，具有独立操作系统，可以安装和使用软件服务商提供的程序，能够通过语音或动作操控上网、查询、导航、拍照、视频通话，广泛被用于社交、娱乐、游戏、商业用途。智能眼镜能够为我们的生活提供更多便利，代表了未来智能穿戴产品的主流方向之一。下面介绍几种具有代表性的智能眼镜。

（一）谷歌眼镜

说起智能眼镜，不得不提到智能眼镜的"开山鼻祖"：谷歌眼镜。

谷歌眼镜（Google Project Glass）是谷歌公司推出的智能眼镜，谷歌眼镜曾被看作是颠覆未来的产品，在诞生之后引发了社会各界对智能穿戴设备的关注和热议，对后续出现的智能眼镜产生了很大影响。

2012 年 4 月，在谷歌 I/O 开发者大会上，谷歌公司展示了第一款谷歌眼镜的原型产品。谷歌公司请人佩戴谷歌眼镜在旧金山上空跳伞并全程直播，会场上的人通过大屏幕，以佩戴者的视角，观看了跳伞、降落到走进会场的过程，让人们耳目一新。2014 年 5 月，谷歌宣布公开发售谷歌眼镜，售价为 1500 美元（人民币 1 万元左右）。2015 年 1 月，谷歌停售谷歌眼镜。2017 年，谷歌宣布放弃消费者版本的谷歌眼镜，同年推出了企业版本的谷歌眼镜，定位于企业级服务，在电池续航、工业设计、交互方式、软硬件方面进行了优化升级，仅面向谷歌相关合作伙伴使用，其中大多是制造业、医疗业的企业。

从技术上看，谷歌眼镜的组成包括一个横条框架，以及鼻托和鼻垫感应器，电池植入于鼻托，自动辨识眼镜是否处于佩戴状态。镜框右侧的宽条状是电脑处理器装置，镜片配备了透明微型显示屏，可以投射画面。谷歌眼镜除了安装摄像头、麦克风、音箱、触控板等元件，还内置了陀螺仪、加速计等传感器，支持蓝牙、GPS 和 Wi-Fi 等多种无线传输模式，音频率采用骨导传感器，具有拍照、视频通话、导航、邮件处理、信息收发、上网阅读、云同步数据等功能，使用 USB 接口或专用充电器充电。从操控上看，谷歌眼镜可以通过头部运动识别、语音指令、手指动作等多种方式进行操作，激活眼镜通过抬头或轻敲镜腿，用户说 "ok glass"，眼镜上的显示屏就可以看到菜单选项，用手指在眼镜腿上滑动，进行功能切换。

在现实中，智能眼镜遭到了一定的外界质疑和抵触，主要不是由于技术问题，而是使用的安全、隐私等问题。首先是分散注意力，用户在佩戴智能眼镜时，眼球必须看着视野右上方屏幕，这容易造成注意力分散，引发走路、驾车时出现交通事故。其次是智能眼镜的监听、摄像功能引发对个人隐私权侵犯的问题，如美国在酒吧、餐厅等多类公共场所禁用谷歌眼镜。此外，很多用户在刚开始使用智能眼镜的时候，充满新鲜感，但热度过后，用户对它的使用频率有所下降，甚至将其束之高阁。笔者认为，谷歌眼镜虽然存在尚不成熟的技术限制和客观因素，但不可否认谷歌眼镜的出现是一个具有里程碑意义的智能穿戴产品。

（二）VR、AR 眼镜

智能眼镜还有两种常见的类型，就是 VR 虚拟现实眼镜和 AR 增强现实眼镜，其特点都是建立在虚拟与仿真技术基础上带给人们的视觉体验。近年来，VR 眼镜在游戏、影视、娱乐等消费级应用上大放异彩，AR 眼镜则更多是在工业级和商业级的场景中广泛应用。

2017 年 7 月，我国印发《新一代人工智能发展规划》，提出建立新一代人工智能关键共性技术体系，突破虚拟现实、增强现实等新技术的基础研发、前沿布局和产业发展，提升虚拟现实中智能对象行为的多样性、社会性和交互逼真性，实现虚拟现实、增强现实和混合现实技术与人工智能的相互融合和高效互动，构筑虚拟现实技术赛场的先发主导优势。

虚拟现实技术与增强现实技术的产生，实现了现实世界与虚拟世界相互连接、相互融合的梦想。目前，由于技术和硬件的限制，虚拟现实设备在很多领域的应用价值还没有得到充分发挥，其市场前景广阔。

1.VR 眼镜

VR 是 Virtual Reality 的缩写，中文的意思就是虚拟现实。2016 年被视为 VR 元年，整个行业迎来了井喷式集中爆发。我国虚拟现实市场规模近年来持续扩大，据虚拟现实产业联盟统计，2017 年我国虚拟现实产业市场规模已经达到 160 亿元，同比增长 164%。

VR 智能眼镜是一种头戴式虚拟现实显示设备，与传统意义上的眼镜相比，这种设备相对体积较大、较重，因此也被称为 VR 头显、VR 眼罩。VR 智能眼镜是综合利用计算机图形技术、仿真技术、多媒体技术、体感技术、人体工程学技术等多种技术集成的智能可穿戴产品，用户在佩戴之后，视觉、听觉上处于一个独立封闭的虚拟三维环境，能够产生身临其境的沉浸感觉。

VR 智能眼镜在游戏领域如鱼得水，无论是角色扮演、动作射击、模拟驾驶、冒险挑战等单人游戏，还是联机对战、体育竞技等多人游戏，其逼真性、交互性和沉浸感相较于传统的二维游戏和三维游戏，实现了质的飞跃。

例如，华为公司推出的VR可穿戴设备 Huawei VR Glass，从外形上看，小巧、轻薄、时尚，酷似普通墨镜。Huawei VR Glass 的镜腿可折叠，扬声器在镜腿处，播放360°立体声。支持手机和电脑两种连接模式，方便用户与其他产品互联，同时兼顾 VR 游戏与 VR 观影。Huawei VR Glass 还可以配合华为手机和智能手表，把运动数据直接投到 VR 视野里，方便用户及时了解自己的运动情况。

随着VR技术的不断成熟，除了VR游戏，VR家居、VR看房、VR购物、VR影视、VR教育等领域也发展迅速。例如，一些房地产商已经采用"VR全景看房"，购房人只要戴上一副VR眼镜，就能够全览所有的样板房。VR购物在国内也很火热，相比传统线上购物，VR购物能够带来实体店般的"真实购物"体验，不仅能立体展示商品形态，顾客还可以虚拟试衣。在影视游戏领域，VR为用户提供了完全沉浸式的观看体验。在教育领域，VR课堂提供了传统课堂无法实现的沉浸式学习体验，有利于激发学生的学习兴趣和积极性、主动性。

2.AR 眼镜

AR是 Augmented Reality 的缩写，中文的意思是增强现实。与VR虚拟现实眼镜带来的完全封闭的沉浸式体验不同，AR增强现实眼镜是一个连接现实世界与虚拟世界的可移动智能设备。使用者在佩戴AR眼镜后，其视线与现实世界没有完全隔离，眼中看到的是现实世界与虚拟内容的叠加，因此不会影响使用者的正常视线和自由移动，实现了超越现实的感官体验。目前，AR技术主要应用于建筑模拟、远程指导、教育、广告、旅游、医疗、零售、娱乐和军事等领域，为推动行业发展带来新的活力。

在运动领域，AR眼镜是跑步、骑行等运动爱好者的辅助工具。AR智能眼镜在骑行、跑步及各种户外极限运动中，为用户提供运动数据近眼显示、运动摄像和直播、语音导航、接打电话、语音搜索联系人等功能（图3-1）。一般来说，

AR 智能眼镜的显示模块与电池分别位于眼镜两侧，方便拆装，用户可以在智能眼镜与普通运动眼镜之间进行模式切换。用户使用时，在智能手机上安装专属APP，通过蓝牙连接智能手机，管理智能眼镜、同步照片视频、搜索导航目的地、发表个人动态信息、自动生成行程记录，增加运动的专业性和乐趣（图3-2）。

图 3-1 AR 运动智能眼镜的运动数据近眼显示效果

图 3-2 AR 运动智能眼镜的同步照片视频功能

AR 是一种创新的视觉交互方式，也给导航带来新的思路，国内外一些车企和科技公司都在研发自己的 AR 导航设备或 AR 眼镜。在实时导航中，AR 眼镜可以将导航指引信息在显示场景中叠加显示，使人们能够以最直观的方式读取导航信息，有效降低了用户对于传统电子地图的读图成本。驾驶员除了在开车时看到导航数据、行驶速度等信息，通过 AR 眼镜还能看到被车身遮挡的障碍物、行人和其他机动车。此外，AR 眼镜导航还能够对过往车辆、行人、车道线、红绿灯位置，以及颜色、限速牌等周边环境，进行智能图像识别，从而为驾驶员提供跟行车距离预警、压线预警、红绿灯监测与提醒、超车变道提醒等安全辅助提醒，为用户带来比传统地图导航更加精细、更加安全的驾驶服务体验。

在工业领域，AR 眼镜可以参与远程指导、可视化装配、操作培训、数据采集等多个生产环节，这项技术可以用来解决工业生产棘手的问题。

在旅游行业，AR 眼镜可以用于旅游导览，用户可以在旅游景点看到现实环境与虚拟图像的重合，让旅游更加丰富多彩、方便省事。游客佩戴上 AR 眼镜，就能获取当地城市的景点和商场等地方的详细介绍，自动翻译，了解购物和餐饮信息。运用 AR 增强现实技术，让游客与景区实现实时互动，让景区信息更方便获取、游程安排更个性化，游客可以随时随地进行导航定位、信息浏览、旅游规划、在线预订等，提高了旅游的自主性、舒适度。

在博物馆中，AR 眼镜可以呈现展品的视觉信息，并提供相应解说，栩栩如生地再现古生物、文物 3D 复原等。有时人们在参观博物馆时，由于展品文字描述晦涩难懂，加之参观者对相关历史文化背景了解甚少，很难单凭文字或讲解真正理解其中的价值。随着人工智能的兴起，AR 眼镜可以辅助解读历史文物、再现历史场景，让观众"穿越"到历史文化场景之中，直观感受身处历史背景下的时代感。

3. 水下智能眼镜

随着智能穿戴技术的发展和应用场景的延伸，不仅在地面上，用于游泳、潜水等水中使用的智能眼镜产品也成为现实。

Finis Neptune V2 游泳音乐播放器，由一个机身和一对耳机组成，机身背后的夹子可以夹在脑后的泳镜带上，左右耳机上的线可以固定在泳镜带的两侧，紧密贴合耳部，在游泳过程中不会松动，完全防水，佩戴方便，操作简单，设置了音乐播放、暂定、上一首和下一首等功能，通过骨传导技术传输声音，可以在游泳时享受音乐。专为游泳设计的 Instabeat 头戴式智能眼镜，内置动作感应器，可以固定在泳镜上，通过扫描用户的右眼球监测佩戴者的运动强度、心率、卡路里等指标，并通过不同颜色实现相应提醒功能。Spectacles 水下拍照眼镜，点击眼镜左侧的按钮即可拍照、摄录视频并上传到 Snapchat 上进行分享，配合专用的 Seaseeker 眼罩使用，可在最深 45 米左右的水下拍摄照片和录制视频。

4. 隐形智能眼镜

电影《碟中谍 4：幽灵协议》中有一个经典情节：特工戴着一种隐形智能眼镜，只需连续眨两下眼，就能把自己眼中看到的景象拍成照片，并将照片自动传送到另外一台手提箱打印机，同步打印出照片。

随着科技发展，电影情节已经成为现实。据外媒报道，美国、韩国、日本、比利时等科技企业已经开始对智能隐形眼镜进行研发。例如，索尼公司多年前已向美国专利局提交了智能隐形眼镜的专利申请书，三星公司在韩国申请了智能隐形眼镜的专利。隐形智能眼镜的拍照原理，主要是通过传感器来感知眼皮的运动，佩戴者只需要按照特定方式眨一眨眼睛，就能把眼中看到的东西拍照或录制视频，并通过无线网络传送到手机、电脑上。

智能隐形眼镜还可以接收手机发送的数据、图像、文字，并投射到隐形眼镜上。比利时研制出一种智能隐形眼镜，使用者可以在这种隐形眼镜上看到手机上的内容，与以往的隐形镜片不同，这种智能隐形眼镜可以利用无线技术接收手机的数据，并将手机上的图像投射在隐形眼镜上。未来，智能隐形眼镜如果在现实生活中得到应用，将帮助我们更方便地记录自己的生活，帮助我们找回遗忘的记忆、遗失的物品等。

5. 视力训练智能眼镜

智能变焦镜 RSL-MINI 是一种用于视力训练、近视防控领域的智能可穿戴眼镜设备。智能变焦镜采用低功耗蓝牙 4.0 无线传输，可以通过 APP 从云服务器下载训练数据，由微型马达驱动一组光学镜片模组实现动态变焦（图 3-3）。

图 3-3　智能变焦镜

智能变焦镜集成了姿态传感器、测距传感器、环境亮度传感器、语音芯片，监测佩戴者的用眼姿态、用眼环境、用眼距离、用眼时长，通过语音提示及时纠正不良用眼习惯，还可以通过 APP 将监测数据上传至云服务器，进行数据统计分析并反馈用户。

6. 盲人视觉辅助眼镜

为了解决视障人士对于日常生活工作的需求，一些科技公司致力于研发盲人视觉辅助眼镜，通过集成计算机视觉、人工智能、云计算、大数据、智能控制和传感器等技术，改善盲人的传统出行方式，受到了视障人士的推崇。

盲人视觉辅助眼镜主要是将三维立体信息技术应用到视觉辅助领域，通过特殊编码的立体声音在脑海中"虚拟"呈现环境信息，利用相机采集图像，对图像中的信息进行深度处理，有效检测出图像中的人物、地面、障碍物、纸币金额、车辆、建筑物等信息，最终将检测结果转化为非语义的声音编码，通过骨传导耳机传递给盲人提供出行辅助。盲人视觉辅助眼镜在设计制造上采用符合人机工程学的流线型设计，更贴合头部，更加轻盈、舒适、便捷。

目前，最新技术的盲人视觉辅助眼镜能够手指触控，通过手势开启道路夹角、语音播报、场景定位、视频辅助、图像识别、路线记忆等，配合专属 APP 使用，极大改善盲人的出行方式及生活质量。此外，通过创建云平台，借助于大数据、云计算和物联网技术，将智能眼镜贯穿于视障人士的衣、食、住、行领域，全面构建视障人士的生活服务生态系统。

二、头盔类

智能头盔是对头盔、头环、头箍等形态智能穿戴设备的总称。随着眼镜、腕带等智能产品的市场竞争加剧，可穿戴设备厂商在寻找新的突破口，头盔类智能产品就是其中之一。虽然智能头盔的体积、重量都相对较大，携带性、贴身性较差一些，但在某些领域拥有很大市场潜力。

（一）意念游戏头盔

美国 Mattel 公司推出的 MindFLEX Duel Game 是一款意念控制游戏器，包括意念感应头套、操作台主机、念力球和若干组件，这些组件可以按照不同的玩法组装成各种各样的迷宫。两人在进行 PK 游戏时，分别戴上意念感应头套，只要集中精力，脑电波就会启动头套，同时也启动操作台里的风扇。接下来小球开始接受玩家的意念控制，头套上的感应耳机会扫描脑电波：当玩家集中力变强时，风扇会吹起小球；当注意力降低后，风力就会减弱，小球下降。小球穿越一个个障碍物，最终通过 Mindflex 设置的关卡，赢得游戏的胜利（图 3-4）。

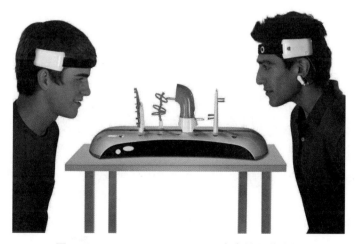

图 3-4　MindFLEX Duel Game 意念控制游戏器

（二）脑波控制头盔

美国神经科技公司推出的 "Emotiv EPOCE" 脑波控制头盔，可以赋予人类大脑控制电子产品的能力。这种头盔上放置了十几个电极，佩戴头盔后，电极紧贴头皮感测脑神经讯号，并将讯号传输给电脑转化为指令。例如，人们可以在这个头盔的帮助下，通过脑波控制无人机的起飞和降落。"Emotiv Insight" 脑波头盔可以检测人的集中注意力、兴趣、激动、放松等情绪表达，识别眨眼、皱眉、惊喜、微笑等面部表情，这项技术可以用于帮助残障人士更方便地控制轮椅、家电等。

第二节　腕戴式智能产品

在可穿戴设备中，目前以手表、手环为代表的腕戴式设备出货量最大，被广大消费者所熟知。除了传统运动计步以外，此类设备还逐渐引入了血压检测、信息提醒、刷公交卡、移动支付甚至心电图生成等功能，集成能力越来越强。

手表和手环在功能上存在一定相似，同时各有特色。

手表的历史久远，通常给人们一种高雅、沉稳的印象，智能手表的最大优势是屏幕更大，方便查看基础信息，可以更换个性化表盘、表带，通过安装SIM 卡实现上网或通话功能，商务人士可以展示自己的身份和方便进行工作。智能手表的平均价格比智能手环更贵，有着高端商务智能手表等品类。

手环是科技新品，起初主要是为了运动监测而出现，使用者通常 24 小时贴身佩戴，实时监测活动情况，以及消耗卡路里、睡眠、血糖血压等，手环的设计一般比较简洁、轻便、时尚，适合运动或居家佩戴。

一、手环类

智能手环是最常见的智能穿戴设备，基本功能是记录人的运动数据，培养良好的运动习惯，随着解决方案的升级延伸，延伸出了活动反馈、健身指导、生理指标持续监测等功能，逐渐渗透和改变着人们的运动习惯和健康理念。智能手环的主体材质一般选用医用橡胶，天然无毒、舒适耐磨，外观小巧、简洁、时尚，核心组成模块主要包括传感器、电池、芯片、通信模块、震动马达、显示屏幕、体动记录仪等，可以全天候实时记录人的运动、睡眠、健康等数据。智能手环应用广泛，价格亲民，普及程度较高，很多城市里的上班族处于亚健康状态，智能手环可以帮助人们更好地了解和改善自己的健康。

当前，智能手环市场处于百花齐放、百家争鸣的发展格局，品牌众多，功能相近。面对激烈的竞争，厂商们纷纷瞄准不同的人群需求，细分市场，寻求突破，加快技术革新，让智能手环迸发出了新的活力。

（一）国外智能手环发展情况

美国是最早研发智能手环的国家，品牌众多。欧洲、日本、韩国都有智能手环厂商。比较常见的国外智能手环有 Fitbit、Jawbone、Misfit、三星、索尼等品牌。国外品牌的手环价格相对国内手环品牌较高，有的价格甚至高于普通手机的价格。

在智能手环领域，众所周知的 Fitbit 可以说是全球最早的技术比较成熟的智能手环品牌。Fitbit 公司成立于 2007 年，总部位于美国旧金山，是可穿戴市场最早一批的开拓者，主要是可穿戴健康与运动产品研发。2009 年，Fitbit 发布了第一代 Fitbit Tracker 产品，在美国掀起了一股运动健身热潮。

Fitbit 系列手环包括标准版 Inspire 和高端版 Inspire HR，还针对儿童市场推出了 Fitbit Ace 2、Charge 系列等手环产品。例如，Fitbit Charge 3 是 Charge 系列手环的最新升级款，提供个人身体及健康状况等方面的深度分析。Charge 3 由航空级铝材、平滑的外框和面板组成，佩戴舒适、耐磨，背光显示屏可根据照明条件自动调整，用户可以实时查看各项统计数据和通知。用户可选择包括跑步、游泳、骑车、瑜伽、循环训练等 15 种以上运动模式，设定运动目标并获得实时数据反馈。Charge 3 采用 Fitbit 最新的心率传感器和算法，提供心肺健康有关的监测和深度分析。手环主要包括实时心率区间，查看自己何时处于脂肪燃烧、有氧运动或峰值锻炼区间，自动睡眠监测，电话和日历提醒、短信通知、女性追踪经期等功能，产品的电池续航时间在 7 天左右。此外，Charge 3 还具有"Fitbit Pay"支付功能，将银行卡添加到 Fitbit 应用程序中，通过手环完成感应式支付。

2015 年，Fitbit 在纽约证券交易所上市，成为全球第一家可穿戴设备上市公司。2015 年 Fitbit 出货量达 2100 万台，估值一度超过 60 亿美元。2019 年 11 月 1 日，Fitbit 宣布与谷歌签署协议，谷歌将以每股 7.35 美元收购 Fitbit，为 Fitbit 估值 21 亿美元。作为健康与健身领域的智能穿戴先导者，Fitbit 推出了手环、手表、佩饰等多种流行的可穿戴产品，鼓励人们拥有更健康、更积极的生活。

（二）国内智能手环发展情况

我国智能手环自 2013 年开始出现后，市场规模迅速扩大，销量也在逐步上涨。随着我国居民生活水平提高和全民运动热潮，智能手环被越来越多的人所接受。我国的智能手环产业链比较成熟，行业进入门槛较低，芯片、传感器、屏幕等模块都可以批量订购进行组装生产。在国内大企业品牌的竞争之下，中小智能手环厂商的市场份额受到大幅压缩，行业内展开价格战，部分企业开始被淘汰，行业格局重新洗牌。目前，我国智能手环厂商及品牌比较常见的有华为、小米、华米、魅族、乐心、360 等。

例如，小米手环是北京小米科技有限责任公司推出的智能手环系列。小米手环第一代于 2014 年 7 月发布，小米手环延续了小米产品一贯的高性价比，定价 79 元，主要解决人们运动时能量计算的问题。随后几年，小米公司陆续推出了第二代、第三代、第四代小米手环，售价在 100 ～ 200 元。小米手环主要包括运动监测、睡眠监测、来电显示、闹钟唤醒、久坐提示、快捷支付等功能，还可以查询天气、股票、电影娱乐、人物百科、诗词歌赋等资讯，支持游泳、户外跑、室内跑、健走、锻炼、骑行等多种运动模式（图 3-5）。

图 3-5　小米手环 4 NFC 版

　　总的来说，智能手环就像是微型智能管家，时刻提醒用户关注自己的健康状态，督促锻炼、合理饮食、科学作息，培养和引导人们形成良好而科学的生活习惯。通过与智能手机等终端设备相连，智能手环还可以进行公交、地铁、小额消费等支付，多种功能加上时尚设计，使智能手环获得年轻群体、运动人士的青睐。同时，针对家庭中老人和儿童的智能手环，为远程监护、安全预警提供了科技支撑。

二、手表类

　　智能手表，指除显示时间之外，内置了 GPS 芯片、无线通信、传感器等功能模块，具有上网、通话、拍照、定位、短信、提醒、测步等功能，可以对睡眠、心跳等健康情况进行监测。按人群细分，智能手表大致分为成人智能手表、老人智能手表、儿童智能手表，针对不同人群的使用需求，各类智能手表有不同的功能侧重。

　　智能手表的设计主要包括主体、外围、表带。主体部分：包含通信模块，以及配套的 GPS 定位模块、Wi-Fi 模块、传感器、音频模块、供电模块、显示模块、散热模块等；外围部分：包含功能按键、充电接口、SIM 卡托，音频接口等。在保证舒适佩戴性的基础上，实现通信、定位、语聊、活动监测等功能。

智能手表经历了从蓝牙手表、2G 通信定位手表、4G 智能手表等发展阶段，随着功能不断丰富，智能手表在某种程度上更趋向于手机所承载的功能，可以实现打电话、定位、社交、学习、活动监测等功能。据市场咨询公司 Frost & Sullivan 的预测，2018—2023 年，全球智能手表的年复合增长率为 26.8%，到 2023 年出货量将超过 2.6 亿台。中国市场智能手表的年复合增长率则高达 31.5%，到 2023 年中国市场单一市场出货量将超过 1 亿台。未来，结合大数据、物联网、人工智能等技术发展，实现更深层次的人机交互方式，智能手表将成为移动互联网生态的智能信息重要载体。

（一）国外智能手表发展情况

智能手表引领了全球新一轮可穿戴设备消费潮，除了科技巨头和互联网大企业之外，不少创业公司也进入了这一领域。苹果公司 Apple Watch 系列、三星公司 Gear S 系列、索尼公司 Smart Watch 系列等，是当前国外主要的智能手表品牌。

例如，Apple Watch 是苹果公司于 2014 年推出的智能手表。初代产品之时，主要分为 Apple Watch 标准版、Apple Watch 运动版、Apple Watch Edition 奢华版。之后随着产品更新换代，Apple Watch 的版本、款式、材质、功能越来越丰富，根据不同表盘大小、不同表带材质，Apple Watch 在售价上也存在较大差异。苹果公司与耐克、爱马仕等品牌合作，分别推出了专属版 Apple Watch。根据苹果官网显示，目前苹果主打的手表包括"Apple Watch Series 5""Apple Watch Series 3""Apple Watch Nike""Apple Watch Hermès""Apple Watch Edition"等款式。

在 2019 年苹果秋季新品发布会上，苹果公司发布了新款手表 Apple Watch Series 5，除了铝金属、不锈钢，增加了钛金属和精密陶瓷两种表壳材质，表带有多种颜色和材质可供选择。Apple Watch Series 5 的屏幕是最大亮点，使用了全天候视网膜显示屏，当佩戴者的手腕下垂时，手表的显示屏会整体变暗，但表针读数等主要功能始终保持清晰可见；当轻点表盘或抬起手腕时，屏幕上的一切则会恢复完整亮度。表盘可进行个性化设置，用户可以选择不同的 APP 或包含系列功能的快捷指令。表带提供了尼龙表带、金属表带、皮革表带不同材质，可以随意、简单地拆装互换，在健身、上班、聚会等不同场合，用户可以选择风格适合的表带。在功能上，Apple Watch Series 5 搭配 iPhone 手机的 APP 使用。运动健身方面，可以记录跑步、爬楼、游泳、体能训练等有关数据。健康监测方面，用户可以将呼吸、心率、噪声等复杂功能直接添加到表盘上，随时查看，在检测到异常情况时得到通知。Apple Watch Series 5 还具有提醒用户补充水分、协助执行个人饮食计划等功能。

据第三方市场调研机构 Srategy Analytics 最新报告指出，2019 年 Apple Watch 的全球总出货量达到 3070 万块，超越了瑞士手表企业 2110 万块的出货量总和。时尚的设计、外观加上丰富而实用的智能化功能，使得传统的机械腕表在年龄偏大的消费者群体中更受欢迎，而年轻消费者则倾向于像 Apple Watch 这样的智能手表。

（二）国内智能手表发展情况

在国外各大厂商推出智能手表的同时，国内厂商竞相发力，影响和改变着全球智能手表产业的发展格局。国产智能手表经过多年的发展，品种多样，内容丰富，功能更加完善。与此同时，行业的同质性也逐渐显现，竞争日趋激烈。下面介绍国产智能手表在运动、健康、儿童等领域的发展情况。

1. 智能运动手表

运动手表是国内智能手表最常见的一种，除了保留时间显示，主打运动追踪、户外等功能。例如，华米（北京）信息科技有限公司推出了一系列智能运动手表。Amazfit 智能运动手表 3，通过"双芯双系统"设计，提供智能模式与 Ultra 模式两种不同的场景模式，满足不同的使用需求。智能模式下，为用户提供运动体验，续航大约为 7 天；Ultra 模式下，仅保留心率监测、通知查看、NFC 模拟、离线支付等日常功能，续航大约 14 天。Amazfit 智能运动手表 3 支持从户外到健身房共 19 种运动模式，配备了 FIRSTBEAT 运动算法，在运动结束之后，佩戴者可以收到手表推送的运动效果反馈，为运动人士提供运动指导，同时避免运动损伤。Amazfit 智能运动手表 3 配置了户外运动所需的海拔计、气压计、指南针等功能，满足户外运动者的需求。用户在手机端下载相关 APP 并通过蓝牙连接，查看步数、距离、热量等运动数据及各种训练模式。此外，Amazfit 智能运动手表 3 还加入了手机通知提醒、日常睡眠监测、NFC 公交卡门禁卡、支付宝离线支付等日常生活中经常用到的功能（图 3-6）。

图 3-6　Amazfit 智能运动手表 3

2. 智能健康手表

健康监测也是智能手表的主要功能，通常能够测量佩戴人的血压、心率、血氧、体温、呼吸的即时数据，显示在手表上，并上传到手机 APP，方便随时监控。例如，Amazfit 米动健康手表以 50 赫兹的采样率 7×24 小时不间断监测心率，配备了人工智能芯片——黄山 1 号，内置了 RealBeats AI 生物数据引擎等算法，具有生物特征本地识别、ECG 心律不齐及 PPG 心律不齐本地实时甄别等功能（图 3-7）。在华米科技和北京大学第一医院心血管内科针对290 例病例的测试研究中，对比医用心率测量金标准 12 导联心电图检测结果，RealBeats AI 生物数据引擎的 ECG 房颤判断准确率为 97.24%，PPG 房颤判断准确率为 95.5%。

图 3-7 Amazfit 米动健康手表

3. 儿童手表

儿童安全一直是政府与社会关注的热点问题。一直以来，儿童走失、被拐事件时有发生。如何保护孩子的安全，让孩子健康、安全地成长，儿童智能手表是一种有效的解决方案。伴随着 4G 时代和可穿戴设备的兴起，儿童智能手表也在市场大潮中崛起。与一般的儿童卡通手表相比，智能儿童手表主打智能互动体验，主要围绕家庭的沟通、娱乐、教育、安全等方面，为儿童提供生活学习娱乐并便于家长监护。

在儿童手表领域，国内的 360 儿童手表比较常见。360 儿童手表针对家长与儿童互动沟通设计研发，软硬件结合，家长可使用 360 儿童卫士 APP 与佩戴手表的儿童实时沟通，通过视频通话、双向通话、语音聊天、GPS 定位等，准确查看孩子的活动范围，实时了解孩子的安全情况。360儿童手表的功能还包括生活习惯培养、运动乐趣、智能学习、电子宠物、财商管理、英语启蒙、字典词典等功能，在儿童的教育、安全、学习等方面提供一个新的途径（图3-8）。

图 3-8　360 儿童手表

目前，儿童智能手表作为一种兼具儿童安全保护与家庭教育的实用型智能穿戴产品，已经走入了很多中国家庭。孩子可以随时和父母保持沟通，避免因父母工作繁忙与孩子产生隔阂，无形当中增进了亲情和保护。

第三节　身穿式智能产品

随着科技发展，服装行业也在不断创新，不断走向智能化，我们穿在身上的衣服不仅可以散发温度、变换色彩、播放音乐，还可以监测身体健康，大量科技元素注入服装行业，让智能服装焕发了新的光彩。服装是综合性学科，它包含了人体工效学、设计工艺学、服装材料学、立体构成、色彩构成等边缘学科，因此，智能服装既涵盖了服装的艺术性，也涵盖了服装的科学性。现在，服装设计边缘学科的界线越来越模糊，近几年，随着智能穿戴设备的快速崛起，让服装设计所涵盖的边缘学科范围得以突破，向着科技产品领域发展，将电子通信技术、物联网技术、生物传感技术，能源转化技术带入了服装设计领域，多学科交叉，涉及的研究范畴更加广泛，使之在智能穿戴设备开拓出了一片广袤的智能服装新领域。

一、智能引领服装变革

近30年来，欧美国家对于智能服装的研发一直在持续。例如，20世纪80年代，美国运动厂商已经开始尝试在运动鞋和运动衣中植入可穿戴设备。1989年，日本学者高木俊宜将信息科学融合到材料功能中，提出了智能材料的概念。随着纺织技术、柔性传感技术、微电子技术和信息技术的发展应用，微型化、智能化的电子设备开始被广泛应用到人们日常的服装中。

世界上，积极研发"智能服装"的国家主要包括美国、德国、日本、英国等，其技术已经比较成熟，应用领域非常广泛。一方面，这些国家拥有一批具有国际影响力的服装品牌，服装产业走在时尚前沿；另一方面，这些国家在电子、通信、计算机软件等技术方面拥有众多领先的科技公司，与传统服装行业相互配合。巴黎、伦敦、纽约等城市，经常举办高科技时装秀展览，许多公司、大学、科研机构都会展出最新的设计作品，服装厂商也纷纷推出自己的特色产品。例如，2013年美国 Radiate Athletics 公司研发推出了热感应变色运动 T 恤。这款热感应 T 恤采用美国宇航局 NASA 热感应技术，能够感应人的身体不同部位散发的热量，不同的温差会显示不同深度的颜色，从而改变衣服不同部位的颜色。人们在健身锻炼时，可以清楚看到肌肉的轮廓，了解锻炼效果。著名国际时装品牌拉夫·劳伦 (Ralph Lauren) 推出智能服装系列 Polo Tech，采用织物传感器，可以监测用户心率、呼吸率和卡路里消耗，并通过嵌入在衣服胸腹位置的设备将数据发送到用户手机。

在我国，从20世纪60年代就开始对服装材料的安全性进行研究，首先体现在军事军工、航空航天等领域。近年来，随着智能穿戴的兴起，以科技支撑为核心的智能服装成为我国服装行业的新热点，在生活娱乐、运动健身、医疗健康领域迅速发展。例如，近几年举办的上海国际智能服装服饰产业博览会暨高峰论坛，聚集了智能服装涉及的各行业新产品新技术，为智能服装爱好者、智能服装品牌、智能硬件设备厂商、高新材料企业等搭建了一个交流合作的平台，推动了我国智能服装产业发展。目前，我国在智能服装产品上取得了一定成果，但智能服装产业整体发展尚不成熟，在功能型面料、电子技术与产品设计等方面尚处于初期阶段。

从总体趋势看，未来服装在选材、设计和用途方面会向着智能化、舒适化和实用性发展。除了温控、变色、能量采集储存等智能服装，随着全球糖尿病、心脏病、心脑血管疾病、癌症等慢行疾病呈上升趋势，智能服装在医疗保健领域有着良好的应用价值，寄期望于帮助干预和改善人的健康，实现家庭日常监测与辅助疾病治疗。未来，能够杀死引起细菌和异味的面料，可以抵御传染病感染的衣服，调节人体温度湿度的织物等，将进一步提升我们的生活品质。

二、智能服装产品

智能服装作为服装行业的延伸与创新，既具有智能产业的活力，又具有传统行业的优势，结合电子元素的智能服装，集实用和娱乐为一体，将掀起时尚新潮流。作为千亿级的市场，越来越多的厂商纷纷加大研发力度，进军智能服装领域，在不久的将来，应用现代传感技术、微电子和通信技术及新型智能材料的服装会越来越多，对人的生理特征的数据采集功能也更加多样化，电子设备与服装完美结合，成为智能产品的人性化载体，我们身上的衣服将会变为一台"隐形"计算机。下面就一起看看都有哪些不同功能的智能服装，了解一下"智能服装""数字服装"给人们的生活带来的全新变化。

（一）智能健身衣

在我国，运动健身已经成为很多人生活中不可缺少的一部分。对于健身爱好者而言，最大的困扰之一是锻炼姿势。锻炼姿势正确，才能达到锻炼的预期效果，错误的姿势不仅让锻炼事倍功半，还可能引起运动损伤。

在健身运动时，与智能手环相比，智能服装能够更好地解决运动位置偏移、数据准确性等问题，帮助锻炼者判断姿势的正确性。例如，Enflux 智能健身衣的上衣和裤子内置了多个传感器，可以提供健身辅导及训练追踪，将相关数据同步传到配对的手机应用上，并通过 APP 端的"虚拟教练"对运动数据进行查看分析，指导锻炼者矫正姿势，也可以在面临运动伤害时及时做出提醒。Enflux 健身服还安装了一个内置于衣服面料中的心率和氧气传感器，电池续航时间约为 1 个月，时间根据运动量的大小改变。

（二）智能心电衣

无论是心血管疾病患者，还是工作高度紧张的亚健康人群，都应该长期或定期监测情绪的波动情况和心率的变化情况，但是受到医疗条件和客观因素的限制，目前还难以实现。智能心电衣的应用，让患者实现 24 小时自我心率监测，同时还能通过智能诊断算法提前数天发出心脏危险预警，提醒患者及时就医（图 3-9）。

图 3-9 智能心电衣

用户穿上智能心电衣，实时采集心率、心压、呼吸等生理数据，并将数据实时上传至云端数据库，再基于计算机算法，对心脏、情绪和睡眠等情况做出科学智能判断，对疲劳程度、情绪指数等做出评估，给出心脏异常实时警报、风险报告和个性化运动指导，这将有助于降低心血管疾病患者的死亡率。智能心电衣运用柔性传感融合工艺，可以在不同环境下稳定采集心电数据，可水洗几百次以上。目前，市面上的智能心电衣对心脏房颤、猝死等疾病的预检率有望达到 95%，为心脏健康撑起了一把科技保护伞。

（三）智能 T 恤

智能 T 恤通过内嵌传感器，可以实时监测穿着者的心率、肺活量、步行数、呼吸频率、卡路里消耗等体征数据，传感器一般位于 T 恤胸部下方的位置，因此采集的心率数据更为准确。收集的数据通过蓝牙传输到手机 APP，使用者可以查看自己的体征数据。用户还可以通过手机 APP 云端，浏览和选择运动教练并订购教程，教练会为用户定制个性化训练教程，提供动态的运动指导。此外，除了运动追踪，一些专为医学监测研发的智能 T 恤可以收集和传输人体呼吸运动的数据，实现对哮喘、睡眠呼吸暂停综合征、慢性阻塞性肺疾病等的监测，通过对呼吸模式的监控，帮助诊断某些疾病。

（四）智能夹克

谷歌和知名服装品牌 Levi's 共同推出智能夹克"Commuter Trucker Jacket"，这种夹克在袖口位置有一个"电子标签"，内部封装了蓝牙、震动和电池等模块，当蓝牙连接手机后，穿着这件衣服的人，无须将手机从口袋里拿出，只需在嵌入了导电纤维的袖口部位用手指在布料上滑动，就能执行手机上的一些应用功能，如接听电话、控制音乐音量等。这种智能夹克结合了电子信息技术、传感器技术、纺织技术及新材料等科学，其原理是将电子元件"编织"到导电纤维中，使衣服面料变成一个"触控屏"，用户通过手指在上面滑动，控制附近的电子设备。

（五）智能围巾

微软公司推出一种可以识别人类情绪的智能围巾，这款围巾通过蓝牙与智能手机应用进行连接，传感器可以识别人的情绪，并利用温度和震动的方式帮用户调节情绪：当佩戴者的情绪低落时，围巾会自动加热，用温暖安抚心情；当佩戴者的情绪亢奋时，围巾会自动降温，帮助人们保持平静。在围巾内部植入了可以加热、震动的模块，模块之间通过金属卡扣相互连接，打开金属卡扣，模块可以随意变换和组合，如把加热模块从颈部调整到胃部、肩部。智能围巾除了保暖功能之外，还融入了情绪传感技术，让衣服更有"人情味"，在人们出现心理和情绪的波动时，起到了一定调节治愈作用。

（六）键盘牛仔裤

荷兰设计者制作了一条"键盘牛仔裤"，在牛仔裤膝部上方的面料中，被缝制了一个嵌入式的完整电脑键盘，裤子内置了扬声器，设计了专门放置鼠标的口袋。这款裤子使用一般牛仔裤面料，键盘采用硅树脂材料，以嵌入式缝合在裤子表面，不影响走路，当穿戴者坐在椅子上时，就可以直接在裤子的键盘上打字。

从整体上看，智能服装要求其具有安全、轻量、舒适、耐用、智能互动等特点，智能服装的发展方向，可以从以下几个方面探索创新。

第一，注重科技性与功能性结合，强调产品的人性化，做到真正"以人为本"。智能服装要轻量和舒适，科技与时尚兼顾，增强功能性面料的开发应用，不断提升传感器、功能性面料等智能服装产品的深层次技术开发。电池、传感器、芯片、屏幕等硬件应微型化和柔性化，研发低功耗处理器的同时提高电池的续航能力。

第二，为了增加其用户的使用黏度，使产品真正融入消费者的日常生活中，智能服装在设计上要避免产品带来的异物感，这点非常重要，这是让用户形成穿戴习惯并无意识使用产品的关键。交互方式要更加多样化，目前智能服装与用户的交互形式单一，基本是单方面的信息收集与呈现模式，缺乏与用户的真正交流。未来，多种多样的人机交互方式应得到更好的应用，如语音识别交互、手势交互、眼球追踪交互、生物反馈交互、情景感知交互，甚至脑机交互等方式都可能运用到智能服装中。用户不再是被动地接受信息的反馈，而能通过简单的交互方式方便地操纵产品，满足其日常需求，提高工作效率与生活质量。

第三，产品要进一步多功能化与专业化，智能服装一方面需要功能的多样化来满足用户的多种需求；另一方面又需要在其领域做精做专，真正解决用户关注的核心问题。产品设计需要场景化，智能服装要真正做到以用户为中心，需要将设计带入产品的使用场景，并同时考虑到使用者的身心与情感需求，使产品更加具有人情味与智能化。

第四节　其他智能穿戴产品

从广义上讲，智能穿戴设备是指一切直接穿戴在身上或嵌入衣物中，并可以将数据上传到云端进行交互的智能终端设备。目前，以智能手环、智能手表、智能眼镜、智能耳机、智能服装在市场上最为常见。除此之外，各种形态、功能的可穿戴产品正在从想象走进现实，不断丰富着智能穿戴行业。来自国际数据公司IDC 的数据预测，到 2021 年全球可穿戴设备的出货量将超过 2.5 亿台。下面介绍一些其他智能穿戴产品，以便更好地理解智能穿戴设备的概念和应用价值。

一、智能鞋袜

当大多数智能穿戴设备厂商在"头上""腕上""身上"寻求创新之时，一些研发者则另辟蹊径，让智能产品穿在"脚下"。

（一）智能监测鞋

用于人体监测的智能跑鞋，其特点是不仅包括运动追踪、跑者数据记录的功能，还能分析肌肉疲劳程度。跑鞋内置智能芯片，追踪器、传感器嵌入鞋底，搭配导航地图记录跑步的路线、总距离和步频、速度等数据。智能跑鞋还具有疲劳程度测试的功能，当穿着鞋子跑步时，鞋内的传感器能够测量出跑步时人体腾空的时长和频率，通过这些数据分析跑者的肌肉疲劳程度，以此帮助用户调整运动强度。智能跑鞋配合手机 APP 使用，APP 里集成了跑步者的运动表现和历史情况，并可以为用户提供综合训练指导。

（二）智能导航鞋

在日常生活中，外出、旅游或是到陌生的地方，通常需要使用手机的地图导航功能，定位目的地进行实时导航。不过使用手机导航的缺点是在走路时眼睛要不时盯着手机屏幕上的指引，如果路上往来的车辆很多，对使用者会存在一定安全隐患。因此，有人想到了将导航从眼睛转移到脚上。

顾名思义，GPS 智能导航鞋的主要用途就是为用户导航和指路，鞋子通过 USB 连接电脑，出发前，用户在电脑中预先制定行进路线，用数据线将其传输至鞋里的芯片中，叩击双脚鞋跟即可开始导航。鞋底内部嵌有微型的 GPS 跟踪设备，鞋头安装了 LED 灯，左脚鞋头 LED 灯为圆点图形，用来指示正确前行方向；右脚鞋头 LED 灯为若干圆点排成的直线型，用来提示用户距离目的地大概还有多远路程。

（三）智能袜子

澳大利亚研究者研制了一款智能袜子，这款袜子主要是为患有下肢疾病的人进行治疗评估。智能袜子配备 3 个传感器，通过测量用户的体重、脚步移动等数据以便判断患者的腿部承受情况，智能手机的应用程序可将数据传输到网络，医生在电脑上可以实时远程读取患者的腿部数据。有了这样的智能袜子，患有腿病的人可以免去经常到医院检查，在家中穿上智能袜子，就可以在线让医生评估自己的病情并获得治疗意见。

二、智能首饰

智能首饰主要包括智能耳环、智能戒指、智能项链、智能吊坠等形态，智能首饰是随着智能穿戴设备大环境衍生而来的一类智能单品。珠宝行业是一个历史悠久的传统商业领域，有了智能技术的创新与升级，为珠宝首饰增加了科技色彩。如今的智能首饰处于发展初期，随着智能化时代的到来，人们对于审美和时尚的向往将促进科技与传统行业的深度融合，智能首饰或将成为智能穿戴设备市场的突破口。

（一）智能耳环

美国公司Peripherii设计研发了一种智能耳环，这种耳环包含了数据监测、信息提示、接打电话、闹钟设置等多种功能。耳环通过蓝牙与智能手机连接，当手机收到信息时，佩戴者可以通过耳环直接听到手机收到的信息。耳环安装了Siri和Google Assistant等语音助手模块，以及微处理器、电池和麦克风，用来接收佩戴者的语音命令。耳环内部还装有多个传感器，可以检测佩戴者的运动数据、卡路里消耗和心率等生理数据。考虑到女性的个性化佩戴需求，耳环采用了人性化的可拆卸式设计，用户可以购买和更换其他颜色、款式的耳环外壳。智能耳环体现了一物多用，既是耳环饰品，又能充当蓝牙耳机、健康监测设备，对于时尚的女性用户，这是一款集颜值与实用于一身的智能穿戴产品。

（二）智能戒指

智能戒指是一种内置了某种硬件或软件的戒指，大小与普通戒指一般，可戴在手指上，但功能和普通戒指完全不同。例如，幻戒是一款基于手势控制与物联网技术的智能指环，用户可以方便地使用手势进行稳定的人机交互操作。从可穿戴设备交互方式上看，基于肢体动作的自然交互方式相比于传统的触屏交互操作更具效率优势。幻戒可在商务 PPT 演示、AR/VR 操作等场景中通过手势实现实时控制，亦可对智能家居设备进行操控。人们还可以使用智能戒指在商场、超市、社区、停车场等场景中进行支付。

（三）智能纽扣

智能纽扣采用独特的纽扣设计，可将其夹在衣服、鞋包上，隐蔽安全，具有很强的实用性。例如，Goccia 是一个纽扣大小的智能追踪器，采用圆形设计，直径 17.9 毫米，厚度 7.2 毫米，可以搭配腕带，配有充电底座及夹子、环扣，采用无线充电，续航时间可超过 10 天。单独使用时，用户可以把它夹在衣服、领口、袖口等部位，每天 24 小时跟踪佩戴者的运动数据和睡眠质量，并提出改善意见。它最大的特点是与手机、平板电脑连接时，不需要使用数据线，也不需要开蓝牙，只需将 Goccia 贴近对准手机摄像头，仅依靠可见光就可以实现数据传输。光通信技术的一个优势就是耗能低，约为蓝牙的 1/20，这也是 Goccia 体积如此小的原因。Goccia 可以用于量化运动量、监测睡眠及培养健康生活方式。

三、智能医疗产品

当前，移动化、智能化是医疗健康行业一个新趋势，智能移动医疗可以实现患者与医务人员、医疗机构、医疗设备之间的有机联动。随着人们的健康意识不断提升，各种医疗健康设备不断走向大众视野，其中，可穿戴医疗设备市场呈现快速发展态势。可穿戴医疗设备能够在硬件和软件的支持下感知、记录、分析、调控、干预甚至治疗疾病。各国都在积极发展可穿戴医疗设备产业，美国和欧盟投入巨资研制可穿戴医疗设备，我国也开展了可穿戴医疗健康研究，基本与国际可穿戴医疗设备研究同步。随着医疗、芯片等技术快速发展，国内外可穿戴医疗产品层出不穷，这些产品主要在病患检测、治疗和健康跟踪等方面得以应用。

（一）智能护膝

全球每年有超过百万的患者因为罹患关节炎、类风湿性疾病或意外事故需要进行膝盖手术。"关节博士"Smart Kneesbrace 产品是一款基于人体生物工程学和高精度传感器动作捕捉技术打造的智能护膝产品，主要面向关节手术后的患者。穿上"智能护膝"，可以提供患者每天的详细数据（如步态分析、日常运动和康复锻炼数据）作为康复期的参考指标。在患者端使用的关节博士APP中，内置了20种关节康复训练动作指导，APP会根据康复情况，为患者智能选择合适的康复训练动作，提高关节康复恢复效果。在医生端APP，医生可以每天读取患者数据，方便快捷地掌握患者信息，指导患者恢复。

（二）智能理疗罐

智能理疗罐改变了传统中医拔罐的烦琐操作，将先进的智能化控制技术与传感器技术应用到拔罐中，无须点火即可使之吸附于体表，造成局部瘀血，以达到行气活血、消肿止痛、祛风散寒等作用。用户可以自主设置时间、温度、压力，内置的传感器实时读取罐内状态，精确检测温度与压力，如温度过高会自动提醒并启动过温保护，且有定时功能，免去了人为计时的麻烦，也避免了拔罐时间过长或温度过高引起的烫伤。智能理疗罐能够自动感知用户身体状况，定制化理疗。在APP 中配有视频教学，让用户清楚地了解如感冒、失眠、颈肩腰腿痛等不同病症该如何取穴与理疗，其APP后台有医生负责在线解答用户咨询。

（三）智能健康系列产品

iHealth智能健康系列产品，包括蓝牙腕式血压计、蓝牙臂式血压计、指夹式血氧仪与血糖检测仪4件单品。该产品通过与苹果手机等移动终端相连，使用简单的图形工具管理记录，视图化的数据读数，带给用户便捷舒适的交互体验。iHealth智能健康系列产品可以将血压、血糖、血氧等重要信息转送到移动终端，方便用户使用和日常管理，并可与私人医师联网，为用户的医疗和保健提供适时、可靠的数据支持。通过iPad/iPhone传输并直接检测数据，可以直观地看到每次数据的变化，还可以将数据通过无线网络传输给医生或健康专家。

（四）智能呼吸心律监护设备

智能呼吸心律监护设备用于养老院夜间智能照护及社区养老精准巡视探访、居家养老床位智能化管理。这种设备采集分析使用者的生命体征（心率、呼吸、起离床时间、体动、鼾症、睡眠分析）、居住环境（室温、光线、噪声）数据，以远程监控、集中管理的方法，异常事件预警报警，实现精准服务社区居家空巢、失能半失能、认知障碍、高龄病后康复等老人的安全及健康问题，并解决养老机构管理服务的人力不足问题。利用 Web 端和移动端安全监测应用管理系统，服务全过程数据可视、智能化、过程可控、结果可评、数据可追溯，形成社区＋机构＋家属"共管老人"的新型服务模式。

四、助残类穿戴设备

目前，全球共有超过 10 亿残疾人，其中 6 亿是在亚洲。据中国残联统计数据显示，2015 年中国各类残障者总人数约 8500 万人，残障者占全国总人口的6.21%。如何从根本上改善残障者的生活状况、经济状况，提高社会地位，平等参与社会生活，实现自我价值，更好地融入社会，智能穿戴设备是最直接有效的途径。例如，动力外骨骼帮助瘫痪人士重新行走，特殊眼镜让盲人重获"光明"，在智能穿戴设备的辅助下帮助聋哑人"说话"，许多科技公司致力于开发这类产品，为残障者带来了新的希望。

（一）智能仿生肌电手

对于上肢残疾人士，智能仿生肌电手可以通过全关节运动及不同的抓握模式，辅助用户解决生活问题。例如，维纳斯智能仿生肌电手可以实时捕捉大脑传递的生物电信号，并将其转换成相对应的数字信号传输给微控制器，用户想到的动作，仿生肌电手可实时帮用户解决。智能仿生肌电手可进行悬垂、托举、触摸、推压、击打、动态操作、球形掌握、球形指尖握、柱状抓握、勾拉、二指尖捏、多指尖捏、侧捏等 13 种不同的手势抓握。拇指为两个电机，可实现 5 种运动，其他 4 指为独立电机，腕部为两自由度的电机，电机的分布遵循重量配比原则；每个指尖内嵌压力传感器，使仿生肌电手帮助用户对于不同物品的抓握力度做出相应的调整，让用户可以更精细地拿捏，如拿捏鸡蛋、塑料杯、易拉罐等（图 3-10）。

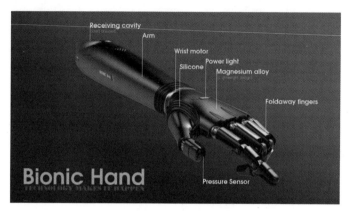

图 3-10　智能仿生肌电手

智能仿生肌电手的手掌设计接近真实的手掌弧线，掌心及手指内侧覆盖的医用级硅胶，可以保护手部免受外部冲击和破坏，并且使得手掌的操作更加安静，更贴近真实生活。为防止意外发生，仿生手还可以自动感知手中物体的脱落并调整抓握，避免物体掉落。每个手指关节可以屈伸，并实现 90°的弯曲，让用户佩戴的仿生肌电手更为自然，可以应对 45 千克的负荷，能够有效解决一些生活中的基本问题。

（二）手语转化设备

"手音"是一款上肢前臂的可穿戴设备。通过感知小臂肌肉，可以把手语转化成语音或文字，帮助失语者实现正常人的交流，创造"有声"世界。

"手音"的主要原理是通过捕捉手运动的肌电信号，快速识别翻译手语信息，并反映在"手音"APP 的界面上。人手的手指伸展与弯曲的动作，均由人体上肢前臂处肌肉或者肌肉组收缩产生，肌肉收缩会产生电位的变化，这种电位变化可被测量显示成波形图，也就是肌电图，又称肌电信号。"手音"对采集来的 EMG 数据进行处理，识别其对应的手语动作，将其转化成语音和文字。在美国、德国等发达国家，健全人的手语普及程度一般在 5%，中国手语普及率不到 1%，健全人和聋哑人交流存在很大障碍。"手音"涵盖了 200 个手语动作，为了保证精确度，每一个动作录制了 1000 人次。在有了自己的手势数据库之后，产品搭建了一个神经网络对数据速度进行训练，识别准确度可达到 95%（图 3-11）。

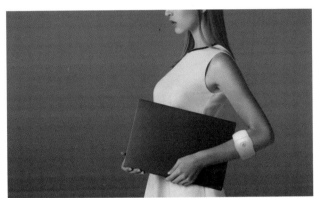

图 3-11　手音

　　"手音"除了可以实现与聋哑人面对面聊天，还可用于手语教学，解决手语教师缺乏等各种问题。目前，聋哑人与外界沟通依然存在很大障碍，随着 AI 技术和智能穿戴设备的介入，将为聋哑人打开新生活的大门。

五、柔性电子皮肤

　　随着人工智能、柔性电子、纳米技术及新材料技术的飞速发展，柔性电子皮肤在医疗健康、活体组织模仿、智能机器人等领域成为重要的前沿研究方向。柔性电子皮肤一般由电极、介电材料、活性材料、柔性基材等组成，能够贴附在人的皮肤表面各个部位，是真正意义上人与设备的"无缝连接"。

（一）智能文身

"DuoSkin"智能文身是贴在身上的临时性金属文身，使用金箔作为导电材料，在文身内部镶嵌了传感器和 NFC 芯片，能够将皮肤作为触控板，向电子设备近距离发送数据信息，通过触摸方式将指令传送并控制电脑和手机。

用户可以对智能文身的外观进行个性化定制，首先在电脑上绘制出文身的电路排版图形，然后用刻印机在金箔纸上打印出相应图案，将金箔纸揭下来后一个文身贴就制作完成。智能文身具有金属质感，时尚美观，除了可以 DIY 外观，还能够根据用户的体温变化更改颜色，将其贴在胳膊上，就可以代替手机进行扫码支付。

（二）人造智能皮肤

国外科研人员研制了一种"人造智能皮肤"，这种智能皮肤实际上是一块带有微型 LED 灯的超薄透明电子贴片，质感柔软、有伸缩性、柔韧透气，可以贴在手背、手臂上，能够拉伸以适应皮肤的弧度。智能皮肤含有传感器和无线通信模块，能够测量佩戴者的心率，并将心电图波形呈现在贴片上，与手机配对使用，存储人体特征数据并传输到云端，使用者可以监测健康数据，还可以通过智能皮肤收发信息和表情符号。

第四章

怎样发展智能穿戴设备

第一节 智能穿戴设备的核心技术

近年来，随着电子信息技术与人工智能技术的飞速发展，各种各样的智能硬件设备如同潮水一般涌入市场，智能家居、智能电视、智能玩具、智能汽车、智能机器人、智能穿戴设备等层出不穷，越来越多的人接触到了智能硬件产品。

什么是智能硬件？它具有哪些技术特征？智能硬件是对智能型终端设备的总称，既包括新发明的智能科技设备，也包括对传统设备的智能化改造，通过软硬件结合的方式，让设备拥有智能化的功能。从技术上看，智能硬件以平台性底层软硬件为基础，以智能传感互联、人机交互、新型显示及大数据处理等新一代信息技术为特征，以新设计、新材料、新工艺硬件为载体。智能硬件是移动互联网的重要入口，随着技术升级、网络基础设施完善和应用服务市场的不断成熟，我们身边的每一件物品都可能成为智能硬件。

据艾媒数据中心的数据显示，2018年中国智能硬件市场规模为5000亿元，2019年预计达到7000亿元，2020年将达到10 000亿元。随着政策的大力支持，我国智能硬件市场规模还将迅速扩大。智能硬件产业链包括半导体、新材料、大数据、云计算、软件及移动互联网等行业，体现了对硬件技术、软件系统、通信技术、网络技术、智能控制技术汇集而成的智能应用集成与创新。尽管我国在智能硬件产品研发与生产上与发达国家差距不明显，但在某些关键核心零部件环节，受支撑产业的影响，与国外先进水平还有一定差距，部分零部件仍然依赖进口。在智能穿戴设备领域，由于国内企业在基础电子元器件、集成电路等领域的技术支撑能力还相对较弱，制约了传感器、无线通信芯片等方面的功能发挥。

整体上看，智能穿戴设备在技术发展演变的历史节点上，以其小巧时尚的造型、易于佩戴的便携性、简单实用的功能设计，成为智能硬件的新锐。

智能穿戴设备的发展不仅有赖于硬件技术的突破，同样需要在通过软件支持及数据交互、云端交互来实现强大而实用的功能。我们发展智能穿戴设备的最终目的，就是要实现一种全新的人与设备、人与互联网之间的交互方式，通过将设备穿戴在人体上，对我们形成更好的监测与保护，让生活更方便、快捷，满足每个人对健康、医疗、运动等方面的个性化需要。随着移动互联网的发展，以及高性能低功耗处理芯片、柔性电路技术、传感器技术、无线通信技术等核心技术的进步与成熟，智能穿戴产品将不断升级和更新迭代，在这个过程中，主要有六大关键技术将决定着智能穿戴产业发展的进程和方向。

一、芯片

（一）芯片的概述

智能穿戴设备的快速发展，其中核心技术之一就是可穿戴产品中的芯片。

芯片是指含有集成电路的硅片，因此芯片又被称为集成电路。芯片将电路（主要是半导体设备）小型化，一块只有几厘米的小小芯片中，可容纳数万乃至数百万、数千万个晶体管。芯片制造包括芯片设计、晶片制作、封装制作、测试等环节。芯片制造的过程就如同盖房子一样，通常以半导体晶圆表面作为地基，再层层堆叠打造，就可产出集成电路芯片。芯片具有体积小、耗电少、成本低、速度快的特点，广泛应用在计算机、通信设备、机器人或智能硬件等电子产品中。

目前，消费类电子产品主要包括电脑、智能手机、摄像机、照相机、电视机、影碟机、收音机等。因早期产品主要以电子管为基础原件，故称为电子产品，第一代电子产品以电子管为核心。20 世纪 40 年代末，世界第一只晶体管诞生，它以小巧、轻便、省电、寿命长等特点，在很大范围内取代了电子管，标志着现代半导体产业的诞生和信息时代的开启。50 年代末，世界上出现了第一块集成电路，它将许多晶体管等电子元器件集成在一块硅芯片上，使电子产品向更小型化发展。集成电路从小规模集成电路迅速发展到大规模集成电路和超大规模集成电路，从而使电子产品向着高效能低消耗、高精度、高稳定、智能化的方向发展。

目前，市面上最为常见的是电脑芯片，中央处理器 CPU 就像人的大脑，芯片组则好比整个身体的神经，主板芯片组是主板的核心组成部分，是 CPU 与周边设备沟通的桥梁。如果芯片组出了问题的话，就会影响电脑的整体功能。

还有一种就是手机芯片，手机芯片相对电脑芯片小很多，它是一种硅板上集合多种电子元器件的电路模块，承担着手机运算和存储等功能。

智能穿戴设备与其他消费电子产品不同，对单一元器件和系统功耗的管控更为严格，尤其是芯片，决定了智能穿戴产品的性能、功能乃至体积、外观。随着智能技术的不断发展，各种电子产品的人机融合度越来越深，而芯片是这些智能电子产品的关键元件。也就是说，芯片的性能越好，电子产品就越"聪明智慧"。

（二）芯片厂商情况

进入大数据和移动互联网时代，国际上一些著名的半导体公司和移动通信企业开始拓展智能化设备市场。全球主要的移动芯片供应商包括英特尔公司、博通公司、高通公司、飞思卡尔公司、三星公司、德州仪器、意法半导体等，它们针对智能手环、智能手表等相继推出自己的芯片产品和开发平台，为智能穿戴设备提供了新的技术解决方案，简化了产品的设计和开发，缩减空间、简化设计、降低成本，加快产品上市，让设备拥有更好的性能和电源管理效率，广泛应用于各种医疗、健身、通信和社交的智能穿戴产品。

例如，英特尔公司一直是个人计算机零件和 CPU 制造商，以生产 PC 芯片为主。进入移动互联网和智能硬件时代，英特尔公司推出了一系列智能穿戴设备的产品和计划。例如，英特尔公司针对智能穿戴设备推出一款直径为 18 毫米，只有一枚纽扣大小的芯片——居里"Intel Curi"。这是一款高度集成的硬件模块，集成了节能蓝牙无线通信、运动传感器、陀螺仪和加速仪等多种技术，并能在纽扣大小的电池上延长运行能力，主要用于传递小而稳定的数据，能够让开发者开发电池续航时间更长的超小型穿戴设备，如戒指、手镯、吊坠、健身追踪器等。"Intel Curi"用于支持低功耗蓝牙技术，可以与任何具备蓝牙的移动设备配对。英特尔希望借助"Intel Curi"打开智能穿戴市场，并已经开始与诸多健身、时尚及生活品牌合作，将这款芯片运用到智能手表、智能腕带、智能手环等智能穿戴产品中。

在国内，一直以米中国芯片市场大多被国外公司垄断。近几年我国很多厂商推出了自己的智能穿戴产品，但最关键的芯片，大部分仍依赖国外进口。不过，一些国内芯片制造企业正在积极发力，中国企业芯片制造领域的能力正在不断提升，取得了显著成效。例如，中芯国际集成电路制造有限公司、北京君正集成电路股份有限公司、华米（北京）信息科技有限公司等企业，为我国发展人工智能产业提供了重要的芯片技术支撑，为智能穿戴设备市场注入了更大的发展活力。例如，华米科技专注智能穿戴设备领域创新。2018 年 2 月，华米科技在美国纽约证券交易所（NYSE）正式上市，成为首家在美上市的中国智能可穿戴硬件企业。华米科技研发和推出了一系列智能手环、手表，以及与运动、健康相关的智能产品，同时加大芯片前沿的投入力度，推出了自主研发的智能穿戴领域 AI 芯片——"黄山 1 号",并将"黄山 1 号"芯片应用于 Amazfit 米动健康手表,促进智能穿戴设备芯片国产化。

二、传感器

传感器技术发展至今已有 50 多年的历史,从构型传感器、固体传感器再到智能传感器,传感器被誉为工业领域和电子产品的"感觉器官"。

传感器实质上是一种检测装置,能感受到被测量的信息,并将感受到的信息按一定规律变换成为电信号或其他所需形式的信息输出,以满足信息的传输、处理、存储、显示、记录和控制等要求。随着互联网和智能制造的发展,传感器与微处理机相结合,赋予电子设备新的功能。

随着以智能手机、智能穿戴设备为代表的智能终端设备的爆发式增长,传感器有了更大的用武之地。传感器作为智能穿戴设备的核心器件之一,各种传感器就像是人类感官的延伸,让电子设备有了视觉、听觉、嗅觉、味觉、触觉。随着科技的进步,传感器向微型化、数字化、网络化发展,感测能力也变得更快、感度更高、精确度更高,其集成性和智能化不断提升。目前,市面上的智能穿戴设备各种各样,从智能眼镜、智能手表到智能服装、智能鞋,都与传感器技术有着密切联系。智能穿戴设备的很多功能,如运动跟踪、体感监测、温度监测、震动反应,这些功能的背后,是运动传感器、生物传感器、光学传感器等各种传感器的演变进化,配合更先进的软件算法,帮助设备获得更准确的监测数据。可以说,传感器与可穿戴设备相辅相成,智能穿戴设备的功能,几乎都离不开传感器技术的支持。

(一)运动传感器

运动传感器是一种探测人或物体运动的设备,它可以感受物体运动和动力学运动的情况。在智能手环、手表的传感器中,运动传感器元件最为基础,它包括加速度传感器、陀螺仪、磁力计、压力传感器等,主要作用是运动测量、实时导航和人机交互。运动传感器随时随地记录和分析人体的活动情况，让用户可以了解自己的步数、跑步、爬山、游泳、骑行距离、睡眠周期等数据。其中，加速度传感器是用于测量加速度的装置，能够识别穿戴者正在进行的活动类型，如步行、跑步、爬坡等；陀螺仪是用来感测与维持方向的装置，可提升运动追踪的准确性；磁力计可用于测试磁场强度和方向，定位设备的方位。

（二）生物传感器

生物传感器把人体生物成分与理化检测结合起来，主要通过非侵入性的测量方式，采集和分析人体的生理参数指标。根据测量类型，生物传感器主要分为血糖传感器、血压传感器、汗液传感器、心电传感器、体温传感器、脑电波传感器等。当生物传感器与柔性材料结合后，可以大大提高其舒适性、便利性和耐磨性，随着生物传感器技术的进步，越来越多的智能穿戴设备接近或达到医疗级别。有了高精度的生物传感器，我们就可以实时准确监测自己的身体指标，及时发现健康预警。尤其是对于行动不便的老人、需要长期护理的人或居住离医院较远的人，通过医疗级智能穿戴设备进行日常保健、疾病监测预防、看病诊断，医生可以查看用户个人的健康数据平台，对患者采取远程的医学监护和诊断服务。

（三）环境传感器

环境传感器包括温湿度传感器、气压传感器、光照传感器、颗粒物传感器、气体传感器等类型，可用于便携式个人综合环境监测终端等设备中，通过测试环境数据完成环境监测、天气预报、健康提醒等。目前，环境传感器在日常生活类可穿戴产品里应用不多，主要用于科研、教学、实验室和农业部门、环境监测部门的便携式测量设备。实际上，我们时常会处于一些对健康有危害的环境中，但是无法直观察觉并采取防御措施，如空气污染、水污染、光害、辐射等，久之可能导致各种疾病发生。环境传感器可以为我们提供 PM2.5、紫外线、一氧化碳、辐射等隐形健康威胁的监测数据，所以，环境传感器拥有很大的市场潜力和应用价值。

（四）仿生传感器

仿生传感器是基于生物学、电子学、工程学原理研制的用于模仿人类感官功能的装置，它主要通过固定化的细胞、酶或其他生物活性物质与转换器结合，模拟人的触觉、嗅觉、味觉、听觉、视觉等感官。仿生传感器按介质可以分为酶传感器、微生物传感器、细胞器传感器、组织传感器等。目前，虽然人类研发出了许多仿生传感器，但是其性能和产业化方面仍尚未成熟。仿生传感器的应用前景广泛，相信随着生物、材料、计算机、电子工程等技术发展，或将出现能够替代甚至超过人类感官能力的仿生传感器。

总之，各种不同的传感器为智能穿戴设备采集了大量数据，可以说，智能穿戴设备丰富的功能离不开传感器技术的支持，而且传感器的体积、质量、功耗、稳定性等会直接影响智能穿戴设备的精准度、舒适度、续航时间等用户体验。未来，随着智能穿戴产业的迭代和升级，智能穿戴产品对传感器的要求会越来越高，为了提升测量的可靠性，在各种复杂环境下保持正常使用，传感器将向着更精确、小型化、集成化的趋势发展，通过灵敏性、稳定性、低功耗的智能穿戴设备会为用户带来更好的使用体验。

三、电池

智能穿戴设备由于在人体长期穿戴，舒适性和外观设计很重要，智能手环、智能手表往往都很小巧、轻便、舒适。因此，智能穿戴设备的电池必须更小，续航时间必须更长，而且要更轻薄、更有弹性。目前，绝大多数智能穿戴设备采用蓝牙低能耗技术（Bluetooth Low Energy），这让设备的续航能力、充电频率、充电速度大大提升。据调查结果显示，续航时间是消费者购买移动终端电子设备的重要因素。例如，智能手环一般的待机时间为 15 ~ 20 天，有些手环可以续航几个月甚至更长时间。对于可穿戴设备制造商而言，提供高效的电池是一个重要命题，只有这样才能吸引更多的消费者经常使用。根据目前市场上可穿戴设备的使用情况，各种电池的水平其实参差不齐，各自有着不同的优点和缺点。不过，科学家和专业人士正在努力提升电池性能，并进一步减少电池对环境造成的损坏。下面主要介绍一些热门的电池技术，期待未来能有更多搭载高效环保电池的智能穿戴产品走进我们的生活。

（一）锂电池

目前，很多手机、平板电脑、笔记本电脑、智能硬件主要使用锂离子电池。锂离子电池由正极、负极、隔膜、电解液组成，主要依靠锂离子在正极和负极之间移动实现电池充放电。相比于过去的镍铬蓄电池，锂离子电池相对体积小、重量轻、容量大、寿命长，对环境危害小，属于环保型绿色电源，其较高工作电压意味着需要的电芯更少，从而可以进一步缩减尺寸，提高设计灵活性。锂离子电池体积小、重量轻，通过制造成硬币或纽扣形状，帮助设计师优化尺寸限制，同时提供令消费者满意的电池续航时间。锂电池的高能量密度、使用寿命长、高性价比等许多特性，使它们成为智能穿戴设备应用的理想选择。

但是，锂离子电池的体积越小，存储的电量也就相对越少。同时，锂离子电池会有一定安全隐患。锂电池的两极是不能接触彼此的，因此两极之间通常放置了隔膜，这层薄膜一旦破损，失去了隔膜保护的电池就会发生短路，产生大量热量，从而导致电池燃烧甚至引发爆炸。近几年锂电池引发的手机爆炸事故频频发生。针对易燃的问题，科研人员也在积极研究解决方案，如在锂电池中增加阻燃剂，以防止锂电池起火燃烧。

（二）石墨烯电池

石墨烯是一种非常轻薄、坚硬的二维碳纳米材料，具有高导电性、高导热性，它几乎完全透明，肉眼看不到。石墨烯一层层叠起来就是石墨，只是难以剥离出单层结构。在所有种类的电池当中，石墨烯电池在储电容量、电池寿命、充电速度方面占有绝对优势，具有非常广泛的应用空间和方向。例如，美国研究人员就开发出一种以石墨烯为基础的微型超级电池，充电速度为普通电池的1000倍，可在几秒内完成手机充电。

目前，石墨烯电池技术还处于研究实验阶段，虽然国外出现了石墨烯电池汽车等，但距离商业化和公众普及还很远。许多国家都建立了石墨烯领域的技术研发中心，未来随着石墨烯制备技术的发展，相信石墨烯电池优良的性能将在智能穿戴设备中得到广泛应用。

（三）"能量收集"电池

生活中的电子产品都需要用电，每天为手机充电，为平板电脑充电，这些我们已经习以为常。对于电子产品的使用者来说，定期充电或更换电池需要时间、资金的成本，最理想的情况是智能穿戴设备不需要人为去充电，而是"自供电"。如今，世界能源问题和环境问题日益严峻，能量收集技术作为一种从外界环境或人体收集能量，从而为电池充电的自供电式解决方案，近年来被学术界和科学界广泛研究。

什么是能量收集，简单来说，就是一种不需要借助外部电源供电或充电就可以运行的技术。没有外部电源，设备所需的电从何而来？我们都知道，能量守恒及转化是自然界的基本规律之一，能量有各种不同的表现形式，光能、热能、水能、电能、机械能、化学能等不同形式能量可以通过物理效应或化学反应，从一种形式转化为另一种形式，从一个物体传递给另一个物体。

从理论上讲，在人们使用智能穿戴设备的环境中，有很多可利用的能量，利用能量收集技术可以从用户所处的周围环境中获取能量并转化为电能，能量的来源包括多种途径，如环境光、热量、电磁波或振动等，这些能量如果不加以利用也会浪费掉。近些年，国内外已经出现了很多能量收集的电池解决方案，目前主要应用于无线传感器、植入体内医疗设备、偏远地区天气站、计算器、手表等设备中。

（四）温差电池

温差电池是由两种不同金属或半导体的温度差异，引起两种物质间的电压差从而产生热电现象，使热能直接转化为电能的电池装置。这种原理被称为"塞贝克效应"，又称为第一热电效应。美国北卡罗来纳州立大学的研究者根据这种原理，设计出了一种可穿戴热电发生器，通过吸收人体热量，将其转化成电量。这种设备利用人的身体与周围环境之间的温度差异发电，使用液态金属互连线，连接温差电元件，由两种不同的金属连接构成闭合回路，当两个连接点的温度不一样时，就能产生微小的电压。

虽然温差发电很早就在全球各地被应用，但长久以来由于热电转换效率较低、成本较高等原因，温差发电技术向工业和民用产业化的普及受到很大制约。不过，这种技术可以提供源源不断的电能，无论在室内室外，白天黑夜，都能利用热电现象产生自供电，这为智能穿戴设备的电源方案提供了一个新的渠道。

（五）压力充电电池

压电收集是把机械能转换为电能，由于压电效应，当压电元件受到机械力时，就会产生微小的电流。通过压电元件的设计，可以让手的动作、行走甚至呼吸所带来的振动进行发电。美国密歇根州立大学的科研人员开发出了一种薄膜状的纳米发电机，可以让设备直接从人体运动中收集能量。这种纳米发电机又被称为生物相容性铁电纳米发电机，在受到人体运动的挤压、折叠、触碰的情况下就会产生电能。

薄膜状纳米发电机具有轻薄、柔性、成本低、生物相容性等特点，适合应用于智能穿戴产品。理论上，我们可以把这种纳米发电机设计安装在鞋里，人在走路时，每次脚踏地面就能产生和收集一定电能，从而为随身穿戴的智能设备提供能源；如果将它整合在手机的触摸屏中，人们在用手指点按手机屏幕时，就能为手机充电。

（六）"摩擦充电"电池

摩擦生电现象在我们的生活中到处存在，如梳头、穿衣服时产生的静电。但是这种微小能量往往被忽略，没有被收集和利用起来。为了有效利用摩擦所产生的电力，科学家发明了摩擦电纳米发电机，可以用来收集人体在日常生活中摩擦产生的能量，通过搓手、敲指、人体与衣物的摩擦等方式将机械能转化为电能，为随身携带的电子产品充电。摩擦电纳米发电机的发电原理是在其内部电路中，由于摩擦生电效应，两个摩擦电极性不同的材料薄层之间会发生电荷转移，从而在二者之间形成电势差。在外部电路中，在电势差的作用下，电子在两个摩擦电材料层背面分别粘贴的电极之间流动，以此平衡电势差。

摩擦电纳米发电机把极其微小的机械能转化为电能，在电子皮肤、智能服装等智能穿戴设备中具有应用潜力。

（七）太阳能电池

太阳能电池又称为"光电池"，是一种利用太阳光发电的光电半导体薄片，其主要原理是利用"光电效应"直接把光能转化为电能。当光电半导体薄片被一定强度的光照射时，就可输出电压并在有回路的情况下产生电流。21世纪之前，太阳能电池主要以硅太阳能电池为主，之后因晶硅价格上涨，制造商改为使用成本较低的薄膜太阳能电池。薄膜太阳能电池的用硅量非常少，可以使用价格低廉的玻璃、塑料、陶瓷、金属片等材料制造。

薄膜太阳能电池主要用于制造太阳能电池板，柔性薄膜太阳能电池可弯曲、不易破碎，能够与不同体积、不同形状的物体结合，应用广泛。太阳能电池通常应用于建筑物、路灯等大型物体上，微型太阳能电池可以为小型智能穿戴设备提供电能。

那么，智能穿戴产品如何利用太阳能供电？首先要让设备接触光照才能转化电能，一旦光照被遮就无法产生能量。因此，太阳能电池与智能服装结合起来是比较适合的选择，把柔性太阳能电池整合到服装和织物中，人们穿戴太阳能服装就能够直接吸收光照从而产生电能。例如，有设计师打造了一款太阳能衬衫，在衬衫表面嵌入了上百个太阳能电池，在强光下吸收足够的太阳能产生电力，经由衬衫上设置的 USB 端口给人们随身携带的手机、MP3 等电子设备充电。在不为移动终端充电时，衬衫的电池会自己蓄电。这种衬衫还可以直接水洗，十分方便实用。

未来，随着电池技术的发展，太阳光甚至人工光源、室内光源，都可以成为自供电智能穿戴产品的电源。

四、柔性元件

柔性是与刚性相对应的概念，柔性材料一般具有柔软、轻薄、可弯曲、不易碎等特性。传统电子产品给我们的印象是"刚性"的、无法被弯曲的。新兴的柔性电子技术的发展，改变了传统电子器件的刚性物理形态，具有可弯曲、可环绕，以及低功耗、轻薄、耐用、便携等诸多优势，大大提升了用户的使用体验。特别是对于智能穿戴设备来说，需要贴合人体的腕部、四肢或身体的形状设计并长时间佩戴，因此对柔软度、舒适度、安全度方面提出了更高要求。智能穿戴设备中的柔性器件主要有以下几种。

1. 柔性屏幕

柔性屏幕又称为柔性显示器，它随着显示技术发展，主要是 OLED 技术（有机发光二极管）的发展而产生。柔性屏幕与传统刚性屏幕最大的区别是基板材料不同。传统的显示屏一般是以玻璃作为基板材料，在基板材料上加上三极管阵列、液晶或发光层等各种功能层和部件；柔性屏幕则是以塑料或金属箔片作为基板材料，再加上各种功能层或部件构成的显示屏。我们都知道，玻璃是难以弯曲、折叠的，塑料等材质是可以任意弯曲的。与传统 LED 屏幕相比，采用 OLED 技术的柔性屏幕，在亮度、色彩清晰度上都有更好的效果，其功耗更低，也有利于提升电子设备续航能力。柔性屏幕轻薄、不易破碎和形态自由的特性，为智能穿戴设备提供了无限可能，设计者可以根据不同需求去设计贴合人体不同部位的产品。

2. 柔性电路板

电路板通常分为两类，一类是刚性电路板，主要用在电视、冰箱之类的家用电器上；另一类是柔性电路板，它是一种主要以聚酯薄膜或聚酰亚胺为基材制成的印制线路板，可随意弯曲、卷绕、拉伸而不损坏导线，其重量轻、体积小、厚度薄、散热性较好，能够满足小型化、结构高密度电子产品的设计装配需要，是智能手机、数码相机等电子产品的必备器件。就手机而言，柔性电路板在手机中主要作为折叠、旋转等部位连接的零件，如折叠式、滑盖式、旋转式的机体，此外还可运用于手机的按键、排线、液晶模组等部件中。

在智能穿戴设备领域，柔性电路板可以用于贴身监护的医疗穿戴设备、智能服装、电子皮肤等方面。随着电子设备更新迭代，设备对柔性电路板在厚度、耐折性、制作工艺等方面的技术要求越来越高，如层数越来越多、孔径越来越小、柔韧性越来越强。随着我国智能手机、智能穿戴设备产业的崛起，国内科技企业通过技术创新、工艺改造，在柔性电路的技术水平和生产规模上与国外企业的差距在不断缩小。

3. 柔性传感器

柔性传感器是指采用柔性材料制成的传感器，它具有良好的柔韧性，延展性，甚至可以弯曲和拉伸，其结构形式灵活多样，可根据特殊测量要求任意布置。在智能穿戴设备中，柔性传感器应用最多的是"电子皮肤""电子文身"。

"电子皮肤"传感器可用于智能服装，让人与虚拟环境更直观、自然地互动。在科幻电影《头号玩家》中，人们戴上 VR 头盔，穿上具有神经感知系统的套装，就可以在游戏世界中感受到触觉、振动、痛觉、温度感等，如在游戏中被武器打到身体时的痛感。在现实世界中，可穿戴的"电子皮肤"已经出现，它是一层可以贴合在人身体上的"薄膜"，能像人的皮肤一样具有感觉与触觉，除了可以用于虚拟现实游戏，"电子皮肤"还可以应用于医疗领域，如开发帮助残疾人恢复触觉的假肢。

"电子文身"传感器是一种可以直接贴在人体表面的超薄电路。例如，德国研究人员研制一种"电子文身"，可以贴在手上，与附近的磁铁相互作用。这种"电子文身"有相关配套软件，能准确识别佩戴者的手部运动，从而做出判断和发出指令。通过这种方式，佩戴者可以在不直接接触的情况下实现对某些物体的隔空操控。"电子文身"还可以用于实时心电监测，其柔软、轻薄、有弹性的优势，长时间贴放在心脏部位不会产生不舒适感。"电子文身"的研究现在还处在初期阶段，未来"电子文身"还可以代替"二维码"，在某些场景中只需通过扫描贴在我们皮肤上的"电子文身"就可以进行支付、身份认证等。

五、传输通信技术

无线通信（Wireless Communication）是利用电磁波信号在空中传播信息的一种通信方式。与有线通信相比，无线通信最大的优点是摆脱了电缆的约束，使数据传输更灵活、方便。目前，绝大多数的移动智能设备都可以连接无线网络，并通过应用程序对设备进行操作。

无线通信技术种类很多，远程通信技术包括 4G、Wi-Fi、LTE 等，短距离通信技术包括蓝牙（Bluetooth）、近场通信（NFC）、近场磁感应（NFMI）、红外线通信等。例如，在智能手表、智能手环、智能眼镜中通常使用低功耗蓝牙或移动蜂窝等技术；在智能家居方面，通常使用 Wi-Fi、红外线传输等技术。

智能穿戴设备对人的生命体特及行为习惯、生活作息等数据进行监测，更重要的是，智能穿戴设备不仅是提供数据的窗口，它的价值在于将这些数据实时传输到云端的大数据中心，进行数据挖掘和分析，并提供给用户科学的指导意见。也就是说，智能穿戴设备承载着与大数据管理平台连接的枢纽作用，而数据传输则是非常关键的环节。智能穿戴设备的体积小，电量有限，在选择无线传输技术的时候，要考虑功耗、传输量、传输速度、传输距离、传输加密等要素。下面介绍目前主要的无线传输技术。

1. 低功耗蓝牙技术

蓝牙我们都耳熟能详，蓝牙通信属于一种点对点、近距离的通信方式，主要用于移动设备或短距离传输。以前所说的蓝牙，包括蓝牙1.0、蓝牙2.0、蓝牙3.0、蓝牙4.0等以数字结尾的蓝牙版本号，在最新的标准中，已经很少使用数字版本号作为蓝牙版本的区分，取而代之的是经典蓝牙（Classic Bluetooth）与低功耗蓝牙（Bluetooth Low Energy，BLE）这两种区分方法。

经过多年的发展，蓝牙技术在无线传输领域应用广泛，手机、笔记本、耳机、平板电脑等都可以使用蓝牙，基于蓝牙技术的耳机、音箱、体重秤等电子产品也有很多。经典蓝牙适合于数据量较大的传输，如语音通话、音乐播放、视频传输等。低功耗蓝牙技术作为蓝牙经典标准的演进，主要是为设备之间提供可靠、高效的连接，其特点是超低功耗，满足超长的续航能力。低功耗蓝牙的优点是连接速度更快、减少待机功耗和降低峰值功率，弱点是数据传输速率低。因此，低功耗蓝牙更适合应用于对实时同步性要求较高、数据速率要求较低的电子设备中，如微型无线传感器的数据发送和遥控装置等。低功耗蓝牙方案解决了移动电子设备之间的通连接信，同时还可以扩展和实现更多的增值服务。

在智能穿戴设备与移动端应用的短距离无线通信方式中，蓝牙低功耗技术以低功耗、低成本、开放性等优点被广泛采用。目前，大部分智能穿戴设备，如智能手环、智能手表等可穿戴产品，都需要配合智能手机使用，手机出厂时通常装有蓝牙系统，因此，蓝牙通信也是目前智能穿戴设备与手机之间连接主要方式。

2. 近场通信

近场通信（Near Field Communication，NFC）是一种短距高频的无线通信和传输技术。NFC由射频识别技术（RFID）与网络技术整合演变而来，兼容RFID，与RFID技术相比适用范围更广，可在短距离内与兼容设备进行配对与数据交换，能够快速启动程序，切换场景模式。NFC与蓝牙相比，带宽较低、传输距离短，但NFC操作简单、配对快速、成本低，无须任何电源即可工作；

NFC与红外线相比，数据传输较快、安全性高、能耗低，不用像红外线使用时必须把两个设备之间的发射与接收端口严格对齐才能传输数据。NFC的应用广泛，价格低廉，有了NFC技术，多个智能终端设备之间，如手机、电脑、数码相机、机顶盒等可以实现无线互连。

为了推动NFC技术的标准化和应用推广，确保设备的厂商、服务商之间的相互合作，NFC业界创建了一个非营利性的标准组织——NFC Forum，在全球拥有数百个成员，包括飞利浦、索尼、摩托罗拉、LG、三星、谷歌等，支持使用NFC功能的手机品牌也有很多种。目前，NFC技术主要集中在智能手机的应用中，NFC感应器可以安装在手机后壳甚至电池里，使用时把手机背面贴近感应区进行扫描。即使手机没电，NFC功能仍可以正常运作。例如，苹果公司推出的Apple Pay移动支付功能，采用NFC技术，Apple Pay支持交通卡刷卡，只要将交通卡功能添加到iPhone手机的Apple Pay当中，用户乘坐公交、地铁时，刷手机就可以支付。苹果公司还推出了一项新的NFC功能，用户无须下载APP应用程序，只需要一个特殊编码的NFC标签即可进行Apple Pay支付。当手机靠近这个NFC标签时可以自动识别和读取这个NFC标签上的商品信息，并自动显示Apple Pay的购买界面，无须第三方应用或其他设置。

对于智能穿戴设备，从应用场景来看，NFC技术与智能手表、手环结合更为适合。比起手机，以智能手表作为非接触式信息传输的载体更直接、便捷，简化了从衣兜掏出手机的步骤，用户通过支持NFC功能的手环可以进行小额支付、开启门禁，只要挥一挥手就能完成。未来，NFC技术与智能穿戴设备的结合应用场景很多，如移动支付、公交卡、门禁卡、车票、门票、文件传输、电子名片等。

3. 红外线通信

红外线通信是一种利用红外线传递数据的无线通信技术，可传输语言、文字、数据、图像等信息。红外线通信的特点是容量大、保密性强、抗干扰性能较好、设备结构简单、价格低，在短距离的无线传输工作中有很多用途，通常用于室内通信、近距离遥控、飞机内广播通信。

红外通信实质上是对二进制数字信号进行调制和解调，通过数据电脉冲和红外线脉冲之间的相互转换实现无线的数据传输收发。例如，常用的电视遥控器一般都采用红外线技术。遥控器里有红外发光二极管，按下按键后发射带有编码的红外光，电视上的遥控接收端收到红外信号后对它进行解码，再把控制码送到电视 CPU，就能控制电视的开关机、音量、换台等功能。但是，红外线的传输角度有一定限制，我们在使用红外线遥控器进行操作时，必须把遥控器的发射口对准电视机上的红外线接收口，否则就无法成功传输信号。此外，红外线通信在大气信道中传输时容易受气候影响。

4.ANT 技术

ANT 是一个极低功耗运行、资源高度优化的无线通信协议，ANT+ 是在 ANT 传输协议上推出的超低功耗版本。

ANT 无线网络的最大优势，一是极低功耗；二是网络部署灵活；三是易于开发者配置。目前，ANT 在运动领域的应用最多，其超低功耗、体积很小，便于佩戴在用户身上记录心率、速度、距离等运动数据，同时能够与其他人在线共享数据。例如，自行车上的速度感应、踏频感应、心率带和功率计。此外，在智能家居、医疗健康领域也有与 ANT 兼容的设备。ANT 技术可以配置在低功耗或睡眠模式下长时间运作，并能短暂唤醒传输数据，为移动终端设备提供了一个选择。

当前，大多数智能穿戴产品离不开与智能手机搭配使用，但 ANT 技术尚未与大部分智能手机厂商进行合作，支持 ANT 无线网络的手机机型很少，仅有三星、索尼等少数几款。这也成为 ANT 目前没有作为智能穿戴设备首选的无线连接技术的重要原因之一。

5.ZigBee 技术

Zigbee 是随着工业自动化对无线通信和数据传输的需求应运而生的一项无线传输技术。ZigBee 也称紫蜂协议，是一种应用于短距离和低速率下的无线通信技术，其主要特点是低耗电、低复杂度、低数据速率、容量大、高可靠度、安全性强，支持大量网上节点。Zigbee 广泛适用于自动控制和远程控制领域，可以嵌入各种自动化设备。同时，Zigbee 也可以嵌入各类家用电器、能源、住宅、商业和工业领域的无线网络连接、传感和控制应用之中，可以制造可靠、省电的电子产品。目前，ZigBee 联盟有 300 多家成员，包括三菱电气、摩托罗拉、飞利浦半导体、飞思卡尔、三星电子、西门子等公司。

6.Wi-Fi

Wi-Fi 是一种允许电子设备连接到无线局域网（WLAN）的通信技术，几乎所有计算机、手机、平板电脑、手持设备、智能穿戴设备都可以支持 Wi-Fi 上网，Wi-Fi 是当今全球各地使用最广的无线网络技术之一。

Wi-Fi 支持一对多模式和点对点模式，我们常用的 Wi-Fi 是一对多模式，即一个 AP（接入点）多个接入设备，如无线路由器。Wi-Fi 还可以点对点传输，如电子设备可以用 Wi-Fi 直接连接，无须经过无线路由器。Wi-Fi 相比其他的无线通信协议，部署更为广泛，医院、饭店、健身房、咖啡厅等公共场所都安装了 Wi-Fi 网络。为满足物联网、智能穿戴设备等特定需求，业界推出了新的 Wi-Fi 低功耗解决方案，节省功耗，从而延长产品使用时间。

整体上看，智能穿戴设备目前使用最多的无线通信技术，以低功耗蓝牙技术、NFC 技术为主。各种通信传输技术有着自己的优缺点，为了在不同场合、不同领域选择最佳的无线通信方案，一个智能穿戴产品可以集成多种通信传输技术，共同存在，相互补充。例如，面对面传输一首歌曲时可以优先使用蓝牙，在移动支付、刷卡时则使用 NFC。

六、人机交互技术

人机交互是指通过计算机输入、输出设备，实现人与计算机之间的"交流"。电脑的鼠标、键盘，游戏机的手柄、操作杆，这些都是传统的人机交互途径。随着人工智能时代的来临，操作方式越来越多，功能也越来越强。说话、挥手、眨眼、做个表情，甚至是利用人的脑电波和肌电信号的意图控制，让人机之间"沟通"的方式更加直接、简单、便捷。

从操作性上看，智能手机和平板电脑的点按、触摸、滑动等交互方式，对于小屏幕或无屏幕的智能穿戴设备来说，体验感并不理想。因此，语音交互、眼球运动、手势交互等方式，更适合智能穿戴产品，用户无须使用双手，就可以与设备进行交互。

（一）语音交互技术

语言是最自然的交互形态之一，语音交互技术有着输入效率高、门槛低等诸多优势。语音交互技术的核心，是要让机器和设备"听懂"人的话。也就是说，通过语音识别技术，把语音信号转变为相应的指令，从而让机器按照人的指令进行相应反馈。

语音识别的研究工作可以追溯到 20 世纪 50 年代贝尔实验室的 Audrey 系统，它是第一个可以识别 10 个英文数字的语音识别系统。近年来，借助 AI 领域的机器深度学习研究成果，使语音识别技术得到了质的飞跃，逐步走到人们的生活中。典型的应用场景——语音助手。例如，iPhone 手机推出的语音助手 Siri，一直深受用户青睐。随着语音交互技术的迅速发展，智能音箱也开始兴起。天猫精灵（Tmall Genie）是阿里巴巴人工智能实验室于 2017 年发布的 AI 智能硬件产品，它能够听懂中文普通话语音指令，目前可实现语音控制音乐播放、闹钟设置、语音购物和语音查询天气、查询百科、查询快递等功能。

语音交互技术是基于语音识别、语音合成、自然语言处理等技术，让机器拥有了"能听、懂你、会说"的智能交互能力。对于智能穿戴设备来说，智能手环、手表、眼镜等受限于产品的体积限制，屏幕很小，甚至没有屏幕和键盘等输入输出装置，在脱离智能手机等终端设备的情况下，无法实现充分的人机交互。因此，语音输入或许是最佳解决方案。用户不需要接触设备，通过对设备"说话"，就能使智能穿戴设备辨识出用户的意图，并将其转变为操作功能，如打电话、答复短信、查询、导航等。

语音交互技术发展到今天，在词汇量和识别精度方面已经能够基本满足日常应用的要求。新一代语音交互技术发展，关键是将语音与智能终端设备及后台云端的深度整合。语音技术是产品前端，重点是后台的智能搜索、云计算、数据资源中心、排干扰能力等各种技术全面升级，只有让智能设备"学习"更多的知识和技能，才能更好地理解人的意图，提升人机交互反馈的体验效果。2019 年全球语音交互市场规模达到 13 亿美元，预计 2025 年全球语音交互市场规模将达到 69 亿美元。随着语音交互系统的逐渐成熟与广泛应用，将对人工智能产业的发展起到极大的促进作用，也为智能穿戴设备发展带来新的突破。

（二）眼球交互技术

眼睛是心灵的窗户，透过这扇窗户，我们可以探究人的许多心理活动的规律。眼球技术是一门新兴技术，主要包括眼球识别与眼球追踪，可以根据人的眼部肌肉状态和眼球变化推测出人的意图，从而实现人机交互。

眼球识别是通过人眼虹膜和瞳孔的生物特征进行采集与分析，常用于识别人的身份，如安检、门禁等。

眼球追踪技术，简单地说，就是依靠"眼动"发出指令，让计算机知道人想要什么。当人的目光投向不同方向时，眼部周围会产生细微的变化，计算机可以扫描提取眼部的运动轨迹、视线方向、注视点位置等，并将其转化为信号发送给计算机，检测出用户的需求并做出反应，实现人机之间的互动。眼球追踪方式包括：一是根据眼球和眼球周边的特征变化进行跟踪；二是根据虹膜角度变化进行跟踪；三是主动投射红外线等光束到虹膜来提取特征。为了让眼球追踪达到最佳效果，眼球追踪器通常需要在使用设备前进行校准，需要用户注视屏幕上移动的点、视频或其他图形元素，完成校准。

目前，眼球追踪技术已经在医学、界面设计、产品测试、场景研究、动态分析等领域开始探索应用，随着智能眼镜的出现，这项技术开始被应用于可穿戴设备的人机交互中。但是，让计算机通过眼睛动作有效识别人的真实意图并不是一件容易的事情，眼动跟踪技术在采样率、精确度、干扰性等方面还不成熟。例如，判断人的眼睛和目光是无意识运动还是有意识变化，眼球转动的幅度和力度，用眼疲劳，造价成本等问题，因此这项技术在短期内还难以成为人机互动的主要方式，但是它对传统操作及比较成熟的人机交互是一个很好的补充。随着光学传感器技术的发展和计算机信息处理能力的提高，眼动跟踪技术不断提升，未来在智能穿戴设备、无人驾驶汽车、无人机、物联网、虚拟现实等领域拥有着广泛的应用前景。

（三）体感交互技术

体感交互技术通常是指人站在一定距离内，利用躯体动作和肢体语言等方式直接与周边的装置进行互动的交互方式。体感交互的基本原理是利用红外摄像头或 3D 深度摄像头等装置识别人的肢体动作，并把人物从捕捉到的画面中分离出来，转化为计算机可理解的命令来操作设备。体感交互的特点是依靠肢体动作与设备互动，无须使用其他的控制设备。

人机交互领域经历了两次革命：第一次是鼠标、键盘的出现，将人们从一维命令行带入到二维的图形界面交互方式；第二次是 iPhone 的出现，打破了鼠标和键盘的人机交互模式，使人们逐渐熟悉多点触控的交互方式。如今，体感交互突破了前两次的人机交互理念，让人们摆脱了对鼠标、键盘、触控屏幕的束缚，降低了操控的复杂程度，用户可以专注于动作所表达的语义及交互内容，体感交互更亲密、更简单，是人与机器沟通的一大进步。

在过去几十年中，科研人员一直在研究基于肢体语言的人机交互技术。近些年，体感交互展示、体感游戏不断涌现。我们经常接触到的可能就是体感游戏，如体感切水果、体感攀岩、体感网球等游戏。体感交互运用体感识别与手势识别技术，无须触控二维界面，在更加自然的三维环境下进行交互，实现了人与设备的"隔空互动"，带来一种全新的用户体验。体感技术新颖、方便，代表着未来人机交互发展方向，"凌空"操作的方式简单易学，目前被科普场馆、企业展厅、医疗康复、游戏场所等广泛应用。随着智能穿戴设备的应用场景扩展，体感交互将成为一种前景广阔的人机交互方式。

（四）骨传导交互技术

骨传导是声波传导到内耳的一种方式。简单地说，骨传导就是把人的头骨当作传声的载体。声音是通过空气、固体或液体传播的，在正常情况下，人的听觉由声波通过空气传导、骨传导两条路径传入内耳。

空气传导是我们所熟知的，声波经过耳郭和外耳道传递到中耳，再经听骨链传到内耳。骨传导是指声波通过颅骨、颌骨等的振动传到内耳。

骨传导是常见的生理现象，如我们能听到自己咀嚼食物的声音；当你用双手捂住耳朵说话，无论自己说的声音有多小或周围环境多么嘈杂，我们依然能听见自己在说什么。这是因为说话的声音是通过自己的颌骨传递到自己的内耳的。据说，世界著名作曲家贝多芬在失聪以后，用牙咬住木棍的一端，另一端顶在钢琴弦上，用这种方式听自己演奏的琴声，从而进行创作，这就是骨传导的作用。

骨传导技术是除了空气传播外一个很重要的听觉方式，人们利用这个原理制造了各种骨传导听觉设备。与空气传导相比，骨传导设备具有明显的优势。长时间佩戴普通耳机、音量过大，会损害听力。而骨传导装置紧贴人体的头部工作，它的主要部件骨振器是纯机械的振动部件，不是简单通过音量放大来提高收听效果，因此不会对听力造成损伤，也不存在电磁波对人脑的潜在辐射危害。骨传导无须空气作为媒介，在噪声环境下仍可以清晰地发送声音和清楚地听到声音。目前，采用骨传导技术的智能眼镜、智能耳机在市场上已经很多见。

（五）脑机交互技术

脑机交互也可称为脑电波控制、意念控制。从古至今，人们一直希望能够拥有意念控制的"超能力"，而脑电波控制研究就是为了实现这种能力。

　　脑电波本质上是一种电信号，大脑在进行思维活动或产生某种情绪时都会产生一定模式的电信号，这些电信号可以使用技术手段检测到，并通过计算机识别不同的脑电模式。"脑机交互"的基本步骤包括脑电波的采集、解读、编码、反馈。戴上特殊头环采集脑电波，将脑电波的波形转换成数据信息，将解析后的数据信息编码，发出动作指令。按照这个逻辑，脑机交互技术的原理是采集人类产生的脑电信号，利用大数据技术找出其规律性，从而翻译成机器可识别的信号，将其转化为相应的动作指令。这项技术已经取得了一些成果，如使用头戴式设备进行意念操纵游戏、意念操控无人机等。

　　脑波交互技术目前处于探索阶段，未被广泛应用在智能设备中。未来，脑波交互技术将是智能穿戴设备的高级交互方式，人与机器之间将达到更加"默契"的关系。

　　总的来讲，人机交互的发展历史，是计算机不断地读懂、理解和适应人类的发展史。从鼠标和键盘，到手指触控，再到语音识别、眼动控制、体感交互等先进技术的诞生，人机交互实现了不需要任何手持设备或界面作为载体的全新体验。如今，随着技术的突破，市场上的智能穿戴设备的功能越来越全面，在运动分析、健康监测、社交娱乐等不同应用场景衍生出众多产品，推动了我们生活品质的提升。未来，人机交互将朝着以用户为中心、个性化识别和全方位感知的方向发展。随着交互技术的成熟，输入信息和输出信息的方式会变得越来越直接、简单、随意，计算机可以更全面、准确地捕捉到人的需求，并按照我们的意图进行反馈、执行指令，这些技术将为智能穿戴设备带来一场新的革命。

第二节　智能穿戴设备的商业模式

　　什么是商业模式？商业模式就是企业自身的商业逻辑，包括市场细分、客户关系、价值主张、盈利方式、收入来源、产品定位、核心资源、重要伙伴、成本结构等要素。简单来说，商业模式就是做什么生意、和谁做生意、怎么把它做起来、怎样赚钱。

以往的电子产品，如电脑、数码相机、MP3 等，主流的商业模式基本上是销售硬件产品。进入移动互联网的时代，以平台型为主导的商业模式异军突起，互联网经济、共享经济颠覆了很多传统行业。智能手机经历了十多年演变和发展，已经建立起比较成熟和系统的商业模式，在移动社交、娱乐、购物、出行、支付等领域占据着主导地位。

目前，智能穿戴设备的商业模式以销售硬件产品为主，在商业营销突破、软件和服务上还没有同步跟进，商业模式处于探索阶段。毫无疑问，直接的产品销售是商家变现最快、最有效的方式，也是迅速占领市场、抓住用户的第一步，只有把产品卖给用户，才能在产品基础上衍生出其他商业模式。

那么，下一步如何把智能穿戴产品从一件"玩物"变成一个"金矿"？智能穿戴设备最大的商业价值不是卖硬件，而是以采集大数据为核心的商业模式构建。智能穿戴设备以用户大数据为核心，着力加强软件开发、资源导入和云端服务，探索与其他行业的跨界合作，建立多样化的经营方式。例如，网络游戏的商业模式主要不是靠卖游戏，很多游戏是免费下载的，通过在游戏中向玩家销售点券、币充值、道具、装备，以及与厂商合作开发相关玩具、动画、电影、游戏服装等周边产品，这种商业模式产生的市场空间十分广阔。

一、智能穿戴设备与互联网思维

伴随全球智能化浪潮的蓬勃发展之势，大量企业、资本、创业者涌入智能穿戴设备领域，谷歌、苹果、三星、英特尔、微软、索尼等国际科技和互联网巨头竞相加入，小米、华为、奇虎 360、百度、咕咚、果壳科技等国内厂商崛起，掀起了智能硬件发展的新浪潮，智能穿戴产品也成为电子产品领域新的经济增长点。

　　智能穿戴设备的概念很热，自2014年智能手环在国内市场大量出现至今，已经经历了五六年的发展，但产品的普及率还远远不及手机。分析其原因，一方面，任何一种新技术新产品，都有着兴起、发展、成熟、衰退的过程，有着其历史的局限性和时代性，要符合新的消费理念，适应市场发展的规律；另一方面，一种产品能否得到消费者的认可，关键还是要看它能否解决用户的痛点，为用户带来什么价值。电脑、手机对人类社会的工作、学习、生活、娱乐、获取信息，以及通信方式和社交方式，都产生了全面而深刻的影响，只要仍未出现颠覆性技术和产品，它们的价值就不可替代。对于智能穿戴设备来说，虽然很多产品具有良好的性能和时尚的设计，但是，对设备采集的人体大数据的挖掘与分析，以及增值服务的开发还远远没有开发出来。

　　未来，智能穿戴设备想要实现全面普及和多渠道变现，除了硬件和技术层面上的保障，更重要的是要将设备连接到互联网生态中，这样才能让人体大数据发挥更大的价值。在互联网和移动互联网时代，任何智能硬件产品的创新与发展，必须以互联网思维为核心，构建以"共建、共享、共赢、开放"为特点的商业生态系统。

　　互联网思维是什么，简单地说，互联网思维是一种以用户为核心，以数据、流量、开放、跨界、生态圈等思维方式对产品进行审视。互联网产品，更加注重用户体验、用户黏性和用户参与度。智能穿戴设备需要用互联网的思维实现跨界发展。一是要将设备平台化运作，让硬件、数据和云端平台结合起来；二是与各个行业进行深度合作，让不同的服务商、运营商等外部资源融入智能穿戴设备的商业生态体系。

　　智能穿戴设备是连接人与互联网的重要入口，要把"大数据分析"与"平台化经营"做起来，挖掘产品和数据背后的服务，细分目标用户，找准用户需求，延伸多种盈利模式。未来，随着各种实用性智能穿戴设备的增多及消费者对智能穿戴设备的认知度提升、消费观念转变，智能穿戴设备的市场将不断扩大，商业模式变得更加丰富。

二、移动医疗：智能穿戴设备的商业突围

随着电子信息技术的发展和网络基础设施的完善，互联网与医疗健康行业的融合与创新不断深入，衍生出各种各样的互联网医疗模式。同时，智能硬件、云计算、大数据、人工智能、5G 等技术也为健康行业带来了新的发展动力，呈现数字化、网络化、移动化和智能化的特点，新的模式正在形成，通过远程医疗会诊、互联网复诊、"互联网 +"家庭医生、在线咨询等模式，成为传统医疗的补充和部分替代。

智能穿戴设备在医疗健康领域的应用与发展已经取得了很大进步，诞生了一批智能穿戴医疗的研发和服务企业，智能穿戴医疗设备的种类也越来越丰富。随着我国亚健康人群数量的增加，人们的健康观念正逐渐由被动治疗转变为主动监测和预防，希望尽早发现风险并及时干预及预防疾病，因此，对于可穿戴设备和远程医疗相关领域的产品与服务需求不断增加。智能穿戴设备将改变传统的医疗理念和医疗模式，实现了全时空的健康动态管理，检查诊断地点不限于医院，可以在家庭或任何地方进行移动医疗服务。

目前来看，智能穿戴设备在医疗健康领域的市场潜力最大，商业模式最为清晰。"互联网 +"打破了医疗资源分布的时间局限和空间局限，业界普遍认为，个人健康管理和移动医疗是智能穿戴设备的下一座金矿。

（一）智能穿戴设备助力医疗行业

近年来，全球科技巨头企业纷纷看到潜在商机，布局智能可穿戴医疗设备及大健康医疗数据产业，这些企业要么进行自主研发，要么收购相关厂商，以加大在医疗健康领域的市场布局。例如，苹果公司的智能穿戴设备 Apple Watch 和健康数据平台 HealthKit，谷歌推出 Google Fit 运动健康管理平台等。

在国内，很多企业在"互联网 +"移动医疗领域开疆扩土。随着各类疾病更加复杂多样化，人们对自身的健康管理意识在不断提升，对于智能穿戴医疗设备的内在需求逐渐扩大。随着"互联网＋医疗"深入推进信息化及"健康中国"建

设的全面提速，我国智能穿戴医疗设备步入了快速发展期。近年来，我国政府陆续出台了一系列政策法规，推动医疗机构信息化建设水平持续提高。国务院办公厅发布的《全国医疗卫生服务体系规划纲要（2015—2020年）》中指出，积极应用移动互联网、物联网、云计算、可穿戴设备等新技术，推动惠及全民的健康信息服务和智慧医疗服务，推动健康大数据的应用，逐步转变服务模式，提高服务能力和管理水平。加强人口健康信息化建设，到2020年，实现全员人口信息、电子健康档案和电子病历三大数据库基本覆盖全国人口并信息动态更新。

那么，智能穿戴设备在互联网移动医疗领域的最大优势是什么？通常来说，人的生命周期中，与健康有关的重要数据主要来自于以下3个方面。

第一是基因数据。基因数据支持着生命的基本构造和性能，储存着人的全部遗传信息，人的生、长、衰、病、老、死等一切生命现象都与基因有关，它也是决定生命健康的内在因素。

第二是就医数据。就医数据是人到医院就诊的信息，这部分数据存储着生命个体在医院里的诊断信息、用药信息、手术信息等。

第三是行为数据。行为数据是人的个人行为数据，这部分数据包括生命体所有的与健康有关的行为习惯，如是否抽烟、是否饮酒、饮食习惯、作息习惯等一系列生活行为，它也是决定生命健康的外在因素。

在这3类数据中，人的日常行为数据是最难被收集和统一的。智能穿戴设备的出现，使人们的行为数据收集成了可能。

除了用于生命体征的监测之外，智能穿戴医疗设备还能够辅助疾病治疗，如无创治疗技术、透皮给药等。可穿戴设备移动医疗可以衍生出多种商业模式，如向医院、患者、药企、保险公司收费，与区域诊疗服务中心、社区健康网点等进行对口合作，进行医疗广告投放，与企业开展员工健康培训、拓展合作等。

（二）智能穿戴设备在医疗领域的优势

智能穿戴设备与传统医疗设备相比，最大的特点是可移动性、可穿戴性、可持续性、简单操作性。传统便携式医疗设备一般只能在固定状态下工作，在移动状态下关机。智能穿戴医疗设备可以不受时间和空间限制，患者能够在家中长期使用，外出活动时也可以随身穿戴，设备通过传感器始终保持随时随地采集人体的生理数据，并将数据自动传输至医疗云平台，以便医生进行及时分析和治疗，患者无须任何操作。

归结起来，智能穿戴设备在医疗领域拥有以下几点优势。

一是设备与人体自融结合，实现 7×24 小时监测，有助于及时发现身体异常情况，预防疾病；

二是监护健康全覆盖，智能穿戴设备可以监测人的血压、血糖、心率、呼吸、睡眠、血氧含量等指标，包括一些特殊疾病；

三是及时为用户提出健康指导意见，如提醒用户调整自己的生活作息日常，应该加强对哪些健康问题的关注；

四是除了监测功能，一些智能穿戴设备还可以辅助治疗各种疾病、康复治疗等。

通过建立用户个人健康档案与大数据智能分析，智能穿戴医疗设备可以实现"自我诊断"。对一些常见病、慢性疾病、有规律的疾病，通过智能穿戴设备的监测数据及大数据平台上相关医学标准值的对比与分析，可以直接做出诊断。也就是说，一些常见的疾病完全可以由人工智能和大数据分析系统为我们"看病"。

此外，借助智能穿戴设备，我们还可以省去到医院挂号、检查、诊疗的过程，甚至可以送药上门。医疗平台可以自动为用户推荐适合的医院、科室、医生等医疗资源，提供就医指南。这些功能在理论上是可行的，但在现实社会里，智能穿戴医疗是一个完整、复杂的生态系统，硬件生产厂家、平台服务商、医疗机构、相关监管部门等任何一环没有打通或是配合衔接不畅，都会影响可穿戴医疗系统的运行。

目前，大部分的智能手环、智能服装或移动医疗智能硬件等只是停留在日常健康监测的阶段，尚未接入社会医疗服务体系当中。但可以肯定的是，身体健康和享受便利的医疗服务是人们的一种刚性需求，政府出台了相关政策鼓励和支持发展移动医疗行业，智能穿戴设备未来在健康医疗领域的前景十分广阔。

（三）智能穿戴医疗行业的挑战

智能穿戴设备为医疗健康领域带来了前所未有的机遇，但现阶段来说，也存在很多的挑战。主要包括以下 3 个方面。

一是智能穿戴医疗健康设备主要用于为人体健康大数据的监测提供技术支撑，但在数据的精准性及对复杂病况的科学识别上，仍有较大的难度，从而导致用户、医生对监测数据的不信任。一旦出现误差较大的数据，会影响后续的医疗操作。要真正把可穿戴医疗健康设备收集的数据应用到实际的医疗过程，仍然任重道远。

二是智能穿戴医疗技术作为新兴技术，对比原有的医疗信息系统，在便利性及即时性等方面有着明显的优势，但人们对原有的医疗信息系统在专业性及可靠性上存在一定固有认识和依赖。另外，可穿戴医疗健康设备产生的数据及情报要得到更加有效、专业的分析，可能需要对接到原有医疗卫生信息系统中进行深层解读，两者的共存及双方系统的兼容互通，将成为移动医疗健康领域的重要课题。

三是智能穿戴医疗健康设备当前作为最贴近人体实时监测健康数据的装置，其监测得到的数据是人体最为隐秘的信息之一。但基于当前行业缺乏统一安全标准，用户数据安全难以得到有效保障。基于用户在数据安全意识上的缺失，用户的隐私权面临很大威胁。

综上所述，决定智能穿戴医疗产品发展的关键问题，不只是智能硬件的技术层面上，智能硬件只是一个数据入口，用户更看中的是设备提供的健康管理与医疗服务，医疗机构、数据、设备三者的结合，才能完全体现医疗大数据与可穿戴设备的价值。

三、妙健康：健康管理的一站式解决方案

目前，智能穿戴设备在国内医疗健康领域的情况是，在穿戴设备领域已有很多大公司，但在数据健康干预方面的公司仍比较少。很多从事问诊挂号的企业都算是基础的健康服务，在整个大健康或健康管理产业中，还有很多机会。

（一）打通医疗健康的数据孤岛

互联网健康医疗的发展，可以作为传统医学模式的补充或加速，让患者就医更便捷，让医疗资源更高效地利用。互联网医疗的本质，重点是在传统医疗模式基础上加入互联网手段，促进两者的融合。近年来，互联网巨头在医疗领域进行开拓，虽然路途坎坷，但是依然坚定布局。目前，从健康管理的角度看，单一、零散的健康数据不足以对用户健康状况进行判断或干预。例如，糖尿病管理，至少需要用户的入院情况、血糖、运动、饮食等4个方面的数据，只有得到用户不同维度的基础数据，串联起数字健康管理的价值链，才能为健康服务提供充足依据。要做到数据连接不是一件易事，用户日常健康行为大数据的获取很有难度，各类医疗机构之间也缺乏软硬件数据共享的接口，造成了健康医疗大数据搜集起来并不顺利，采集和应用之间也存在着脱节，数据孤岛已成为目前医疗大数据应用的最大问题。如何打通数据孤岛，在互联网医疗推广普及的过程中将扮演重要角色。

目前，国内一些企业正在积极探索，希望打破医疗数据孤岛的现象，将可穿戴医疗设备的数据与医疗生态系统有效连接起来。

例如，妙健康是以健康行为大数据和人工智能为基础的健康科技公司，在打通各个健康数据平台之间的数据壁垒方面探索先行。妙健康对健康行为数据、医疗服务资源、健康产品等方面进行整合，为用户打造个人健康数据中心，提供集数据采集、数据分析、健康干预、增值服务一体化的健康管理解决方案。其构建的"妙＋"数据平台，广泛接入了各类常用可穿戴医疗设备，将各个设备的采集数据汇总，并对海量数据进行计算，从而给客户提供有效的用户大数

据分析报告和参考。这些数据主要被用于对用户进行个性化的健康干预,以健康数据促进健康改善。无论是用户饮食方式的改变,还是运动方式的改变,或者是睡眠管理及心理压力的管理,这些改变和管理都会产生动态数据,把静态、动态的数据及生活方式相关的数据汇总起来后,可以为更精准的健康干预带来更多可能。

目前,"妙+平台"已接入智能手环、血压计、血糖仪、体脂秤、体温计等 300 多款智能可穿戴健康设备,覆盖了市场上主流的可穿戴健康设备品牌,实时捕捉健康数据,引导健康行为,优化健康管理,在一定程度上解决了健康智能终端数据信息的收集与利用所面临的发展问题,实现了不同智能硬件健康数据的汇总,可以为居民提供整体的运动健康数据电子档案,同时形成的用户健康信息闭环,为医疗数据接入、慢病管理提供可操作的健康数据依据等功能。妙健康通过对健康行为数据、医疗服务资源、健康产品等进行整合,建立集数据采集、数据分析、健康干预、增值服务于一体的健康管理模式。

(二)构建开放合作的互联网健康生态链

目前,互联网医疗面临两个亟须解决的问题:一是互联网医疗服务安全及信息安全、互联网医疗监管;二是优质医疗资源的线上线下分配,医疗资源的配置与共享。因此,必须构建一个开放且能够各方互利互惠的互联网健康生态链,这个生态链将消除不同行业、不同机构之间的沟通成本及数据壁垒,使不同领域的合作伙伴互为客户,真正实现互联网健康领域的价值创造,共享数据和资源,共同盈利。

例如,对保险企业来说,其盈利模式主要来自保险费,此外还有实际投资收入与未来实际成本支出之间的差异。因此,可以借助于大数据挖掘和分析,对用户未来的健康发展趋势和状况有更深入的了解,从而制定出更能够满足用户未来需要的产品险种,最终使其受益。具体而言,目前对于国内的保险行业来说,售后服务依然是一个明显的短板。除了需要保险理赔的时候,在日常情况下人们对于保险公司的服务没有感知，保险公司相当于一种"隐形"状态。对于用户健康管理方面，保险公司缺乏一个平台能够对用户的健康数据进行管理，对用户的真实情况缺乏实时的掌握和跟踪。保险公司借助用户健康数据平台，可以对用户健康数据进行实时监测，从而降低保险客户患病的风险，一方面能够为保险公司控费；另一方面也能够让保险用户对保险企业的服务有更直接的感知，增加用户续保的概率。

除了与保险领域的结合，医疗大数据最主要的用途是为人工智能算法提供数据来源，使其能够通过大数据学习，为用户提供更精准的健康管理服务。

例如，妙云平台是基于健康医疗大数据分析、挖掘及应用打造出的人工智能平台，通过对用户健康行为及各类医疗健康数据的分析和挖掘，为用户提供日常健康行为指导和干预方案。妙云研发了健康知识图谱，为用户"画像"，基于深度学习的智能推荐算法，建立个人专属的健康任务库。妙云推出的 AI 健康管理师，为用户提供个性化的营养配餐服务、运动康复指导、疾病自诊、自测用药及心理健康管理等服务。在这些数据和知识图谱的基础上，妙云输出了以数值的方式来评定个人健康行为的指数"M 值"及评估用户健康状况的综合健康指数"H 值"，通过最简单的数字对健康行为进行游戏化运营，吸引更多人参与到健康管理的队伍中。利用"大数据算法 + 人工智能"，对用户日常健康信息进行测算，设定 M 值越高行为越健康，让用户健康行为变得更可视化，通过数值建立的个性化健康任务库，包括运动、饮食、睡眠等健康任务库，以规范和指导用户日常健康行为。

在健康数据平台建立后，各种健康大数据信息从智能硬件中传递汇总而来之后，分类、甄选、叠加这些数据，基于数据形成健康医疗大数据分析能力，最终形成个性化的健康解决方案，这不是简单的人力可以完成的。所幸我们正在步入人工智能的时代，这个时代的主流是"ABC"，即"AI+BIG DATA+CLOUD"，意思就是人工智能与大数据结合后再通过云端赋能，这为移动医疗的发展提供了有力的技术支撑。

（三）建立健康数据应用服务的行业标准

2016年，国务院办公厅印发了《关于促进和规范健康医疗大数据应用发展的指导意见》，提出以保障全体人民健康为出发点，强化顶层设计，夯实基层基础，完善政策制度，创新工作机制，大力推动政府健康医疗信息系统和公众健康医疗数据互联融合、开放共享，消除信息孤岛，积极营造促进健康医疗大数据安全规范、创新应用的发展环境，通过"互联网＋健康医疗"探索服务新模式、培育发展新业态。

2018年，国家卫生健康委员会发布了《国家健康医疗大数据标准、安全和服务管理办法（试行）》，明确了健康医疗大数据的定义、内涵和外延，以及制定办法的目的依据、适用范围、遵循原则和总体思路等，明确了各级卫生健康行政部门的边界和权责，各级各类医疗卫生机构及相应应用单位的权责，并在标准、安全和服务方面进行了规范。意在加强健康医疗大数据服务管理，促进"互联网＋医疗健康"发展，充分发挥健康医疗大数据作为国家重要基础性战略资源的作用。

总体来讲，健康医疗大数据是国家重要的基础性战略资源，健康医疗大数据应用发展将带来健康医疗模式的深刻变化，有利于激发深化医药卫生体制改革的动力和活力，提升健康医疗服务效率和质量，扩大资源供给，不断满足人民群众多层次、多样化的健康需求，有利于培育新的业态和经济增长点。

智能穿戴医疗健康设备通过大数据、云计算、物联网等技术应用，能够实时采集大量用户健康数据信息和行为习惯，是智慧医疗获取信息的重要入口。未来，当这些健康数据和生命体征指标集合起来，再通过大数据＋人工智能的分析应用，必将推进覆盖全生命周期的预防、治疗、康复和健康管理的一体化。

四、华米科技："芯＋端＋云"三位一体战略，打造智能穿戴服务闭环

在互联网和移动互联网快速发展的今天，移动医疗的脚步已经大步向前迈进，我们将有望足不出户就能借助智能设备、大数据和网络医疗服务平台进行就医。移动医疗通过移动通信技术和智能终端设备，为人们提供远程医疗信息和服务。相比于传统医疗，移动医疗可以更好地实现医疗资源配置利用的优化。在移动互联网时代，智能穿戴医疗设备作为融合了医疗和可穿戴技术的新兴产物，可以有效把患者、医生和云端、医疗资源等各方主体连接起来，随时随地监护人体健康，并通过对人体大数据的远程处理，为疾病的预警与早期诊断提出有效的指导方案，从而有望解决现今社会医疗资源不足的现状。

移动医疗目前在我国的发展情况如何？从移动医疗用户数量来看，根据前瞻产业研究院发布的《2018—2023年中国移动医疗行业市场前瞻与投资预测分析报告》数据显示，移动医疗用户数量逐年增长，2015年突破1亿人，2017年达到1.92亿人。目前，用户从移动端获取医疗服务的习惯正在逐渐养成。

从移动医疗服务机构上看，近两年，移动医疗互联网产品层出不穷，从医药电商、医疗O2O业务到可穿戴医疗设备不断涌现。我国的移动医疗行业还处于发展阶段，正在由医疗资讯入口向线上问诊、医药电商、预约挂号、数据采集、健康管理等模式进行转变。要实现这个目标，从传统医疗向基于互联网、大数据的可穿戴医疗转变，主要面临三大挑战：一是资源互通、数据共享和系统链接；二是政策和伦理观念；三是经济价值。可穿戴医疗产品虽然是一个创新，但是在医疗、健康方面如果没有产生经济价值，就无法实现可持续发展。推动移动医疗的发展，需要政府主导、行业引导、企业和社会的共同参与。一些企业已经开始积极探索移动医疗与可穿戴设备结合，逐渐建立起医疗服务闭环的商业模式。

（一）打造智能穿戴服务闭环

IDC中国研究经理潘雪菲认为，随着可穿戴设备市场的不断成熟，成人智

能手表市场存在广阔的市场增长空间，成为物联网生态中连接人与物的重要一环。其中，eSIM、智能化和健康数据分析，是未来成人智能手表的重要趋势。例如，华米科技通过"云（健康云服务）＋端（可穿戴终端）＋芯（芯片）"的布局，基于智能穿戴设备为用户提供全生命周期健康管理和精准医疗服务。以 Amazfit 米动健康手表为例，Amazfit 米动健康手表内置 REALBEATS™的 AI 生物数据引擎，通过 AI 神经网络实时识别生物特征，通过读取 ECG 和 PPG 信号来判断身体的数据是否正常，是否存在心律不齐，是否有房颤，并把数据实时反馈给用户，完成从数据采集到数据传输，再到本地（初步）诊断的闭环。

华米科技创始人、董事长兼 CEO 黄汪表示，"硬件只是产品的基础，真正的智能硬件，一定要有健康云服务，才能形成一整套的服务闭环，帮助用户更好地维持健康的身体水平。"截至 2019 年 5 月，华米科技的米动健康云服务累计分析的心电图数据，经医生确认的心电图异常超过了 56 000 条，通过 AI 和医生的双重筛查确认为房颤的心电图超过 19 000 条。基于这种理念，华米科技更新了米动健康云服务，并将现有的云服务升级成银卡、金卡、白金卡 3 个不同类型的 VIP 卡，用户可以在其中寻求到最适合自己的米动健康云服务，促进医疗和健康资源协调，提供更高效率的服务。

健康产业是一个十万亿级的巨大产业。据前瞻产业研究院发布的《中国大健康产业战略规划和企业战略咨询报告》统计数据显示，2018 年中国大健康产业规模已经突破 7 万亿元。即便保守的估计，移动健康医疗赛道也达到百亿量级，并仍将随着大健康产业的增长而水涨船高。

我国出台《"健康中国 2030"规划纲要》，为以"智能硬件＋大数据"为核心技术的企业带来了政策利好。该纲要提出，中国将大力发展基于互联网的健康服务，鼓励发展健康体检、咨询等健康服务，促进个性化健康管理服务发展，培育一批有特色的健康管理服务产业，探索推进可穿戴设备、智能健康电子产品和健康医疗移动应用服务等发展。

在医疗健康方面，智能穿戴设备有着天然可结合的便利属性，未来市场想象空间十分广阔。华米在硬件方面会每年继续量产千万级设备，并通过将自主研发的芯片应用到自有品牌的智能手表领域，让这些终端的产品具备 AI 健康医疗的监测能力，再通过完善云服务，给用户带来医疗服务的闭环，以此形成智能穿戴设备领域的"芯＋端＋云"企业战略。华米建立起智能可穿戴领域完整的生态系统，如在社交和运动场景方面，华米和腾讯云进行合作，搭载了 QQ 和 QQ 音乐等；在出行场景方面，华米和小鹏汽车合作，在 Amazfit 智能手表 2 中集成了小鹏 P7 的数字车钥匙功能；在生活场景方面，Amazfit 智能手表系列在海外市场正式接入了亚马逊 Alexa 智能语音平台，主要支持功能包括天气预报、日历、提醒、问答、计算、文字翻译等；在娱乐场景方面，华米和漫威影业等开展跨界合作，在 Amazfit 智能手表 2、Amazfit GTR 等产品中推出钢铁侠系列等漫威限量定制版。

（二）创新心血管全周期健康管理

心血管病是我国常见疾病之一，据《中国心血管病报告 2018》显示，全国心血管病患者人数为 2.9 亿左右，心血管病死亡占我国居民疾病死亡构成 40% 以上。心血管病对于生命健康的威胁非常大，早期的预防与发现十分重要。通过智能穿戴设备的心电监测功能，为用户提供专业的心电解读及相关服务。

相较于手机，智能手表与人体接触时间更长，距离更近，由此也成为最了解人体状况的重要"伙伴"。一款智能手表都有哪些功能？尤其是对于健康状况是如何监测的，让我们一起来看看。华米科技在健康医疗方面推出的自有品牌 Amazfit 米动健康手环，将 ECG 心电图功能创造性地引入智能穿戴设备；结合各项健康数据，可以为用户提供科学有效的健康管理模式和服务。这款智能手表配备了智能穿戴领域人工智能芯片"黄山 1 号"，通过 ECG 心率传感器和 AI 生物数据引擎等，能够进行非处方心电图测量和 7×24 小时心律不齐监测，配合米动健康 VIP 服务，帮助用户获得健康及就诊建议，为用户远离心脏健康风险，提供心脏健康日常管理方式。

1.7×24 小时数据采集

人体生理数据的监测采集是发现并解决健康问题的基础，也是智能穿戴设备具备的基本功能。Amazfit 米动健康手表搭载了华米科技自主研发的 BioTracker™ PPG 生物追踪光学传感器，能够以 50 赫兹的高采样率实现 7×24 小时不间断的精准心率监测。同时，通过 ECG 高精度心电传感器和四面环绕按压式测量的设计，确保用户能够获取及时精确的心电数据，获得更自然、舒适的心率测量体验。

2.健康异常本地实时甄别

以心律异常为代表的健康问题往往在一瞬间发生，健康穿戴设备必须能够实时发现佩戴者出现的问题，并在最短时间内将结果反馈给用户。Amazfit 米动健康手表配备内置了 RealBeats™ AI 生物数据引擎等算法，实现生物特征本地识别、ECG 心律不齐及 PPG 心律不齐本地实时甄别等功能。

3.独立通信健康报告

Amazfit 米动健康手表基于 NB-IoT（窄带物联网）技术，为用户提供了日常数据定时上传和心脏异常数据及时上传功能。搭配米动健康 VIP 服务，用户数据可通过 NB 独立网络通道同步到云端，而不需要通过蓝牙连接手机，也无须使用 Wi-Fi 或手机流量。当用户开启该功能后，设备后台将定时启动通信模块，将心率、步数、睡眠等数据通过独立网络通道上传至服务端，即使在不打开 APP 的情况下，数据也能自行同步。而当佩戴者突发高心率、低心率、异常心搏时，设备将立即通过 NB 独立网络把异常数据即时上传至服务端，并通过短信提醒指定的联系人。华米科技米动健康 VIP 服务，涵盖了专家心电解读、心脏异常通知提醒、电话／图文问诊、就医绿色通道、安心急救宝及健康季度报告等十余项内容，可以为用户快速链接优质的线上线下医疗健康资源。用户根据自身需求，选择相应的服务权益，结合支持的智能手环或者手表，从而实现对个人心血管健康的全周期管理。

4. 专家团队解读心电数据

对于智能穿戴设备采集到的健康数据，没有医学知识的普通人一般难以看懂，也不知道对他们来说有什么用。如何让普通百姓更好地使用这些数据，更好地关注健康、了解健康，这就需要设备连接的云端平台对数据进行专业的分析与解读。

华米科技组建了一支专业医学团队，为用户提供专业、便捷的心电解读服务。据了解，该团队由医疗技术支持、临床试验和医疗产品注册等小组构成，目前共有专职医学技术人员十余人。团队负责可穿戴医疗健康产品研发和技术支持，协助线上线下健康数据分析处理，并为用户提供专业、及时的健康管理和健康咨询服务。

5. 就医绿色通道 + 安心急救

除了专业、及时的在线服务之外，米动健康 VIP 服务还为用户提供就医绿色通道。目前，"心脑血管专病绿色通道"面向金卡用户，通过米动健康 APP 可在涵盖全国 1300 余家三甲医院名单中指定任意医院，进行专家门诊预约、快速住院协调、快速手术协调、全程就医陪同等，并享受术后回访、康复管理等多项服务。

白金卡用户在此基础上还可独享"重疾病绿色通道"。当用户本人确诊为重大疾病后，可自行指定医院、指定专家，由服务平台协助安排门诊预约、快速检查加急预约等，并享受国内专家二次诊疗、国际知名医院二次诊疗、知名医院快速住院协调、知名医院快速手术住院协调等多项服务，还可享有上限 10 000 元的重疾病治疗路费报销。

华米同外部第三方机构进行优保合作，为全体米动健康 VIP 用户提供了安心急救宝服务：当用户遭遇突发状况时，可以在米动健康 APP 中，点击"拨打急救专线"进行呼救。该平台基于全球救援网络 7×24 小时服务，提供包括协助安排救护车辆、协助联络家属、医疗急救专业咨询、推荐医院、向亲属通报救援进程等多项服务。当用户通过 APP 呼救时，华米会将用户的位置等必需信息第一时间同步到服务平台，以提高抢救效率。

此外，服务还可提供急救车辆费用等最高 1000 元的报销。如果享有该权益的用户自行拨打 120/999 呼叫救护车，在随后的 24 小时内通过米动健康 APP 进行报案，可以享受最高 1000 元的报销额度。

第三节 智能穿戴设备的发展与瓶颈

一、智能穿戴行业的发展现状

智能穿戴设备的发展，离不开技术支撑、应用场景和市场环境的有机融合。当前，智能穿戴设备行业的产业链涉及诸多环节，大量国内外互联网、IT 技术和智能领域的领先企业及中小型创新企业、创业者、投资者纷纷投入智能穿戴设备领域，传感器技术的成熟、人机交互技术的进步、大数据产业发展、消费者认知的不断深入，推动了智能穿戴设备行业繁荣发展。从长期上看，智能穿戴设备的增长趋势将通过不断扩大的消费市场进一步得到巩固，紧密联结、智能化和以用户为中心的产品和服务生态系统正在形成，它将超越现有界限，重新定义智能穿戴与其他行业之间的合作共存关系。

（一）市场发展情况

据 IDC 发布的《全球可穿戴设备季度跟踪报告》显示，2019 年第三季度全球可穿戴设备出货量总计达 8450 万台，同比增长 94.6%，单季出货量创下新纪录。在中国市场，据 IDC《中国可穿戴设备市场季度跟踪报告，2019 年第三季度》显示，2019 年第三季度中国可穿戴设备市场出货量为 2715 万台，同比增长 45.2%。在品牌方面，小米、华为、苹果占据 2019 年第三季度中国可穿戴设备市场出货量的前三位。

目前，耳戴式智能穿戴设备和腕戴式穿戴设备（手环和手表）是主流产品形态，并呈以下特点：一是越来越多人开始关注健康和健身，这让腕戴式设备获取了更大关注；二是随着有线耳机被逐渐淘汰，耳戴式可穿戴设备得以迅速增长，未来耳戴式可穿戴设备或将占据整体市场的一半；三是手环向手表的更迭。中国手环市场增长呈现放缓趋势，尽管手环厂商依然在通过屏幕、续航、算法等软硬件的优化进行产品升级，挖掘更大的入门级和潜在用户的市场空间，但手环在功能和场景的拓展性上落后于手表。参考发达地区市场，随着可穿戴设备市场的逐渐成熟，用户的需求逐渐培养起来后，手环向手表过渡成为一种趋势。四是手表价格逐渐下降。2019 年第一季度中国成人手表市场的平均价格相比去年同期下降了 35.4%。手表厂商通过定位用户群体及其需求，对次级需求的产品功能进行部分取舍，将主打功能做得更精致，有效控制成本，以较高的性价比刺激更多用户的购买欲望。

总体上看，智能穿戴产品市场整体持续高速增长。虽然之前业界提出了各种质疑和担忧，如概念炒作、产品鸡肋、行业黯淡等，但事实上，智能穿戴产品的性能和体验变得越来越好，市场处于勃发之中。客观来说，随着大数据及人工智能的发展，各行业都朝着智能化方向发展，智能穿戴设备随着功能的提升、服务的完善、产业生态的成熟及应用场景更加广泛，其市场前景将更加广阔。

（二）产业发展情况

智能穿戴设备的产业生态链涉及诸多环节，上游是硬件制造的环节，包括芯片、传感器、柔性元件、屏幕、电池等；中游是产品设计及相关功能解决方案，包括人机交互解决方案、低功耗解决方案等；下游主要是销售、应用、服务和推广渠道。从成熟度上看，智能穿戴设备的发展还处于起步阶段，需要进一步把各类资源、各个环节有机整合起来，特别是在应用和服务环节上着力突破。面对发展机遇，国内厂商纷纷积极进军智能穿戴设备领域，希望能为用户研制出性能与体验感更好的智能穿戴产品。

深圳是我国智能穿戴设备企业的最大聚集地，拥有从传感器、柔性原件，到终端设备、交互解决方案的完整产业链，已初步形成了由创客团队、小微企业、上市企业构成的智能穿戴设备发展梯队力量。目前，深圳涉及智能穿戴的企业或达上千家，具备产业基础，发力较早，数量在全国也最多，其中小微型企业在数量上约占到 80%。

北京作为首都，集聚了科技人才、媒体平台、消费实力等优势。目前很多知名企业正积极布局市场，北京发展智能穿戴产业热潮涌动。

珠江三角洲、长江三角洲、环渤海湾地区和以四川、陕西为主的西部地区作为我国电子信息产业最为发达的地区，是电子信息产业集群的主要聚集地，我国智能穿戴设备生产企业也主要分布在这些区域。

长三角地区是又一个智能穿戴设备产业发展集聚区。上海聚集了大量的智能穿戴设备创业公司，主要集中于传感器芯片、基带芯片、射频芯片、存储芯片、显示屏等产业链的上游领域。同时在整机生产领域也拥有一批有实力的企业。

（三）产品应用情况

目前，智能穿戴设备产业发展态势良好，但同时也面临着如数据精确性、硬件设计、用户忠诚度等诸多挑战和亟待解决的问题，智能穿戴设备的市场规模与细分产品的市场份额受到消费者的使用与购买意愿的影响，产品便捷性和功能性成为决定消费的主要因素，用户对智能穿戴产品提出了更高的要求。

在技术方面，无线通信（蓝牙、NFC、Wi-Fi）、人机交互（语音、体感）、传感（GPS 定位、人脸识别、各类传感器）是目前智能穿戴产品的核心技术，决定着智能穿戴产品的功能和整个产业发展的进程与方向。

在功能方面，智能穿戴设备的功能越来越齐全，基本上可以满足人们目前的使用需求。例如，除了心率、血压、血糖、血氧、呼吸频率、睡眠状况、能量消耗、运动距离、运动时间等各种监测功能，还综合了接打电话、信息收发、语音助手、社交、提醒，以及各种记录、查询等功能，为人们的生活和工作带来了更多便利。

在应用方面，智能穿戴设备在医疗、运动、娱乐上的发展最快。在医疗领域，通过体外数据采集和分析帮助用户进行健康管理；在运动领域，主要用于测步记录及跑步、游泳、自行车等运动的辅助；在娱乐领域，智能穿戴设备在游戏、音乐、社交、拍照、阅读、上网等方面的应用越来越丰富。

在服务方面，针对不同场景、不同人群的个性化需求，智能穿戴设备提供的服务主要包括日常活动监测、专业运动训练、个人健康管理、疾病康复护理、女性呵护、老人关护、婴幼儿呵护、商务管理、旅行出游、工业生产、军事训练等内容。

随着消费升级及 AI、VR、AR 等技术普及应用，智能穿戴设备已从单一功能迈向多功能，同时更加便携、实用，未来能够在生物识别、移动支付、健康安全等领域扮演越来越重要的角色，产品朝着更加多元化的方向发展。

二、智能穿戴行业的发展瓶颈

智能穿戴设备是一个充满想象和前景广阔的产业，在发展过程中需要解决诸多问题。事实上，在经历了 2012 年的火爆之后，短短几年时间，智能手环、手表成为全球最风靡、最时尚的智能硬件。之后，随着智能穿戴设备的市场规模扩大，众多企业和资本开始入局，行业竞争日趋激烈，产品同质化现象越来越明显，产品的一些弊端也逐渐显现出来，质疑的声音出现，用户的新鲜感和使用频率有所下降，市场回归理性。要进一步突破智能穿戴行业发展的瓶颈，应着重解决好以下问题。

（一）多依赖手机，独立性不够

目前，市场上大部分智能穿戴产品都需要与手机绑定使用，很多人机交互功能、数据导入导出等需要手机 APP 配合才能完成。此外，智能穿戴设备的某些功能在智能手机上早已具备，如智能手环的运动计步、导航等功能。一些用户认为，既然已经拥有了智能手机这种集所有功能于一身的产品，为什么还要单独买一款只是重复手机功能的可穿戴设备？

无论是智能手机的功能过于强大，还是智能穿戴设备的功能尚未成熟，智能穿戴产品的一大卖点是完全解放用户的双手，如果不能实现完全独立运行，用户体验会大打折扣。

（二）产品同质化

随着各厂商及品牌的纷纷涌入，智能穿戴产品的同质化问题也越发明显。一是产品形态同质化。目前，全球智能穿戴设备市场呈现手环、手表、耳机"三分天下"的局面，三者占据了超过90%的市场份额，而智能服装、智能鞋、智能佩饰等其他可穿戴产品占有的市场比例不高，在日常生活中也比较少见。实际上，能够"穿"和"戴"在人身上的东西各式各样，智能穿戴产品可以覆盖从头到脚、全身上下。二是产品功能和设计同质化。以最常见的智能手环来说，各种品牌、不同款式的手环，其核心功能、设计比较类似，功能大而全，如步数、心率、运动时间、消耗卡路里等功能，很多产品实际上没有太大的差异。

（三）数据准确性有待提升

在选购一款智能穿戴产品时，消费者考量的因素有很多：品牌、舒适度、美观度、功能性等，但最重要的一点，还是数据精准度。从行业整体上看，大部分产品的功能集中在运动测试、健身辅助等方面，部分设备具备了血压、血脂、血糖等监测功能，但是多数设备的数据监测不够精确，监测程序不够科学，这些都决定了目前大部分智能穿戴设备还只是浅层次感官体验，深层次医学应用还需时日。

从测量方法上看，智能穿戴设备与专业医疗设备的测量方法不同。例如，智能手环监测心率的技术原理主要是光电透射测量法，根据血液中血红蛋白吸光度的变化来测量脉搏，也可以通过心脏跳动造成的血液中密度变化来测量脉搏。手环佩戴在用户腕部，离心脏的位置相对较远，腕部的血液流动速度相对缓慢，脉搏跳动频率与心率存在一定差别，而且手环并非能够时刻保持紧贴手腕的皮肤，因此测得的脉搏频率会有误差。在静止条件下，大多数智能穿戴设备的监测数据都比较精确，误差率比较低，但在活动状态中，可能会出现误差。

如果数据不准，那其后的数据挖掘和应用也失去了价值。目前，手环、手表在运动追踪方面已经取得了很大成功，但要实现更加准确测量人体的生理指标，整体达到医疗级别，还需要传感器技术的进步及测量算法的优化。

（四）续航时间问题

为了满足佩戴的舒适性、便携性，智能穿戴设备要足够小、足够轻、足够薄，因此设备内部给电池的安装空间非常小，限制了电池容量。目前，市场上的智能穿戴设备电池续航时间差别较大，有的产品宣称可以续航一年，有的一个月，有的一周甚至几天。进入智能硬件时代后，待机时间成为设备的普遍问题，产品的功能越多越强大，开启的应用越多，耗电就越快。虽然人们每天都要为智能手机充电，但手机已经与工作生活密不可分，是用户不可或缺的设备。智能穿戴设备还远远不能达到智能手机一样的支配地位，如果经常充电或充电时间花费较长，会很大程度上影响用户体验。

智能穿戴设备在扩展功能的同时，如何延长使用的续航时间，减少用户充电或更换电池的频率，这需要更好的低能耗解决方案。

（五）屏幕大小问题

由于身体佩戴部位的限制，智能穿戴设备的屏幕都不大，即使可弯曲的柔性屏出现，也无法从根本上解决屏幕大小问题。

例如，智能手机屏幕通常在4.5～6.5英寸，更大的甚至超过7英寸。智能手环的屏幕基本在1英寸左右，达到2英寸的比较少见。屏幕是用户操控设备的重要载体，大屏幕具有更好的可操作性，在小屏幕上进行触控操作、查看信息并不是十分方便。如何通过其他方式更好地进行人机互动，是智能穿戴设备要突破的关键点。

（六）"数据孤岛"问题

当前，大部分智能穿戴设备的使用过程是：采集人体数据之后，将监测的数据反馈给用户，服务基本上就到此结束了。如果只是呈现数据，而没有针对数据反映出的问题为用户提供改善建议和解决方案，这些数据对用户的价值就非常有限，因为普通人不具备专业知识去判断数据背后的意义。在移动互联网时代，如何以智能穿戴设备为入口，建立基于人体大数据采集、分析和利用的一体化服务平台，让数据用起来、活起来，把更多服务和价值带给用户，带给其他社会机构，这决定了智能穿戴设备行业的发展方向和市场前景。例如，可以根据用户健康指标的监测结果，告诉用户所需的运动量是多少，在膳食、心情调节等方面提供专业指导意见，培养用户健康习惯，并提供家庭健康医疗服务，这样的产品就会有更强的实用性。

（七）行业生态有待健全

近几年，智能穿戴设备的快速发展得益于多种因素的推动，是技术、产业、用户需求共振的结果。目前，智能穿戴设备面临的发展瓶颈有两个方面。

一方面，是由于产业链中的技术瓶颈和硬件不成熟引起的。例如，智能穿戴设备产业链上包含了从芯片解决方案到外观设计，再到生产组装及应用开发等一系列流程。硬件公司致力于智能穿戴设备的开发，容易忽略软件的集成性和更新性；软件公司致力于软件、应用程序的开发，但在硬件生产、渠道打通和增值服务方面有所欠缺，导致智能穿戴细分领域普遍存在产业链各环节脱节，无法形成运行闭环。

另一方面，则是行业标准、应用体系尚未建立造成的。例如，医疗行业是一个特殊行业，药物和医疗器械等产品，如果没有市场准入和相关认证资质，难以实现产业化。未来，智能穿戴设备能否进入国家医疗产品服务体系，是一个非常大的挑战，决定了其发展的方向和市场化水平。此外，如何把智能穿戴设备的数据与公立医院、正规医疗机构打通，让智能穿戴设备的检测报告直接用于医生的诊断，患者到医院无须再次检查，直接就诊看病。这个模式的关键壁垒在于：智能硬件是否具有可靠的技术保障、检测报告能否获得医院认可、企业是否具备医疗渠道优势、能否获得大量付费用户、能否进入医保等。

（八）信息安全问题

当前，人们通过搜索引擎、各种 APP 程序在网络上留下各种各样的痕迹，如浏览记录、私人聊天记录、消费信息等，这些数据和信息侧面反映了一个人的年龄、职业、收入、社会关系、兴趣爱好。可以说，凭借这些信息能对一个人进行"画像"。在互联网的世界里，我们是"透明"的，被无死角监控。智能穿戴设备的广泛使用，将再次引发人们对隐私权问题的讨论。如果智能穿戴设备对人体数据的采集和商业化挖掘得以实现，设备生产商和运营商则掌握着这些核心数据。对于用户来说，如何保护自己的数据不被泄露和利用，需要建立法律层面的保护。如果数据被泄露、被获取，会导致用户的隐私泄露甚至经济利益受损。

总体而言，智能穿戴设备的市场规模逐年增长，行业快速发展，商业生态系统处于探索初期。从现有产品来看，尚未对已有产品造成颠覆性的冲击或是取代旧产品，人们对智能穿戴设备的依赖性并没有那么强，形成这种情况的原因，一是由于智能手机的集成能力非常强大，目前其他智能终端设备无法与之匹敌；二是智能穿戴设备自身的技术、服务能力和发展环境的局限，还没有真正发挥出其核心价值，从功能和应用上还不足以击中用户的痛点，或满足刚需，用户黏性较低，没有成为生活必备品。

从电子产品的发展历程上看，笔记本电脑取代了台式电脑，手机取代了固定电话，成为我们工作和生活中不可或缺的伙伴。未来，智能穿戴产品必须在一些功能上做到极致，抓住用户痛点，解决关键需求，达到其他智能产品无法取代的程度，才将真正迎来可穿戴设备时代。

第四节 智能穿戴设备的机遇与展望

当前，世界正处在新一轮科技革命和产业变革的交汇点上。科学技术在广泛交叉和深度融合中不断创新，特别是以信息、生命、纳米、材料等科技为基础的系统集成创新，以前所未有的力量驱动着经济社会发展。随着信息化、工业化不断融合，以机器人科技为代表的智能产业蓬勃兴起，成为现时代科技创新的一个重要标志。

随着智能化时代的来临，各种智能科技产品正在逐渐融入我们的生活当中，智能穿戴设备就是其中一类重要形态。

从蓝牙耳机到智能手环，再到谷歌眼镜，智能穿戴设备正改变着我们的行为习惯、运动理念、健康管理模式等方方面面。智能穿戴设备的快速发展得益于多种因素的推动。从技术角度来看，芯片、传感器、操作系统、开发平台、无线通信等技术都已经比较成熟。从市场角度来看，互联网和科技巨头跨界进入可穿戴设备领域，成为市场主要推动者，其中谷歌在 2012 年发布的 Google Glass 第一次掀起可穿戴设备的热潮。苹果、三星、索尼、华为等科技巨头随后进入，纷纷推出自己的主打产品，在光环效应下，创业公司、中小企业纷纷入局，越来越多的可穿戴设备被推出，并逐渐成为一个独立的产业。

未来，随着人工智能、大数据、互联网等信息技术与生命健康的深度融合，传感器技术、人机交互技术、计算能力不断提升，5G 普及、全云化网络环境及消费者认知不断深入，智能穿戴产品将不再需要依附于智能手机使用，而真正成为独立应用产品，我们可以更好地感知自己，处理自身与外部的交互。

那么，应该如何创新与发展智能穿戴？首先，产品的可穿戴特征要更加显著。随着支撑技术不断进步，可穿戴产品应更轻、更便捷、更智能，注重产品的功能和体验，实现科技与实用巧妙结合，满足不同人群的多元化需求和个性化佩戴特点，产品从规模批量向个性定制的方向发展。其次，要充分发挥可穿戴设备的产业联盟、技术联盟、行业协会等机构的作用，完善智能穿戴设备的生态系统，建立健全行业标准和业务规范，为用户提供更有价值的服务。最后，随着人口老龄化的加剧和人们保健意识的增强，医疗可穿戴产品将成为消费者最关注的重点，在大健康和移动医疗领域要找到智能穿戴设备市场的突破口。

一、智能穿戴设备的发展对策

当前，智能穿戴设备的市场规模迅速扩张，这主要得益于我国庞大的人口数量和市场尚未饱和。当市场趋于饱和之后，就必须要靠提升产品的功能与服务吸引更多用户。同时，智能穿戴设备在发展中暴露出许多的不足。未来，随着 5G 普及、人工智能技术的成熟，智能穿戴设备要解决好面临的问题，在准确性、交互性、便捷性、连接性等方面得到增强，创新产品的形态，丰富产品的服务，真正实现解放双手、智能生活。

（一）良好的穿戴体验

智能穿戴设备需要长时间佩戴，因此对产品的触感、柔软度、舒适度都具有较高的要求，贴近人体的外形设计、超薄、轻量化都是智能穿戴产品的必备特性。智能穿戴设备厂商应加强对新型织物、柔性电子、弹性材料的技术研发，保持穿戴舒适感的同时，不会给用户带来额外的身体负担，人与设备要尽可能自然融为一体。对于长期贴身佩戴的产品，如智能手表、智能手环，要尽量轻薄、透气，最理想的状态是不被感知，不会因长时间佩戴引起皮肤不适。例如，"电子文身" 只需将其贴在皮肤上，就可以通过皮肤记录用户的身体数据，不影响身体部位的弯曲，不会感到不适，不容易磨损脱落，透气和排汗性好，长期使用不会引起发痒、过敏，完全自然融合，实现高度的人机合一。

此外，耐用性也很重要。像智能服装，用户购买后不会穿一次就扔掉，因此，智能服装要和普通的衣物一样，能够水洗、晾晒，且不会对设备本身造成破坏，不影响功能使用。

（二）解放双手

与手机、平板电脑等移动设备相比，智能穿戴设备最大一个突破是解放使用者的双手。因此，智能穿戴设备要逐步减少触摸、点按的交互方式，向着语音、眼动、手势等更便捷的人机交互方向发展。

在未来很长一段时间内，与智能手机搭配使用的附属式可穿戴设备仍是市场主流。随着技术的发展，可穿戴设备应朝着独立使用的方向发展，直接接受和处理用户的指令，提供实时的反馈和服务。例如，独立通话、信息查看与回复、搜索查询、实时互动等功能，不需要依靠智能手机，甚至在很多应用场景中完全替代手机，如在跑步、开车、游泳、户外活动的时候，只需要戴着智能手环、手表就可以满足需要。

（三）实时连接

如今，在各行各业均被网络高度渗透的情况下，人们日常的工作生活已经无法脱离网络，数字化和网络化的生活已经是现实，各种智能终端产品雨后春笋般不断涌现，这得益于移动互联网基础建设的普及和完善。智能穿戴设备的主要功能是监测采集数据，而数据的处理、分析、计算和服务则在云端，由于产品的体积、电量等限制，目前智能穿戴设备基本上通过蓝牙与手机连接，再由手机完成与云端的交互。

未来，在我国网络提速降费的深化改革下，用户上网资费成本将进一步大幅降低，为智能穿戴设备的网络应用提供更广阔的空间。

（四）抗干扰性

在人们的日常生活中，使用智能穿戴设备难免被磕碰、挤压、遇水，设备也会接触到人的汗水、空气中的灰尘，还会遇到高温、寒冷或电磁干扰等环境。无论是人为造成的干扰，还是环境造成的干扰，这些都对设备的硬件和软件提出了更高的要求。因此，防水、防尘、耐热性、耐低温、抗电磁干扰等能力，是可穿戴设备必须具备的条件。

（五）数据安全

智能穿戴设备的核心价值是基于人体数据采集、挖掘与分析，它在打开了一道可商业化数据大门的同时，也产生了商业大数据与用户个人隐私保护之间的矛盾。智能穿戴设备把人、机、网连接得更加紧密，人体的生理数据从未被如此简单地获取并大量传输到互联网环境，被泄露、窃取的风险也变得更大。例如，对于医疗健康类的可穿戴设备，如果信息数据被黑客篡改，将对用户的治疗、用药方案造成不良后果。为保障数据安全，必须加强软硬件技术对数据的存储安全和传输安全的保护，提升加密、防入侵等技术水平。

未来，应结合新技术，积极探索建立个人健康数据安全保障体系。例如，区块链作为一种去中心化、分布式存储、点对点传输、加密算法的新型"数据库"，具有不可伪造、全程留痕、可以追溯、集体维护、公开透明等特征。在区块链技术的帮助下，用户可以加强对自己健康数据的控制权，智能穿戴设备采集的用户健康数据可以得到更好的保护和共享，为用户的数据追踪、数据隐私、信任数据共享提供解决方案。

（六）数据准确性

一款智能穿戴设备的价值，首先要建立在准确无误测量的基础上。目前，不同厂商生产的设备，测量结果存在差异，这取决于不同技术和软件算法。如果用户购买可穿戴产品主要用于运动健身或减肥，那么设备精准度高低不会有太大影响。但是，如果是用于监护心脏病患者的智能手环或心率带，这些数据将反馈给医生作为诊疗的参考依据，这时候数据的准确性关乎患者的生命健康，这就要求设备监测的人体数据精准度必须达到医疗级别，而且需要通过权威、统一的认证才能作为专业的医疗穿戴设备。

随着芯片、传感器及算法优化，需要各种更强大的技术让智能穿戴设备的准确性达到更加科学严谨的水平。同时，智能穿戴设备要进一步加强行业的技术标准和规范，从安全性、准确性及智能性等方面保障产品质量。

（七）用户黏性

如今，手机的用户黏性已经非常之高，成为工作生活的必需品。例如，我们出门后发现手机忘在了家里，很多人都会回家去取；在朋友聚会时，大家在看手机、刷微信；在旅游景点，常常不是在看风景，而是在自拍、分享照片……人们对智能手机可以说是变得极度依赖，打电话、发微信、听音乐、看电影、玩游戏、社交、缴费、购物、导航等，无论在家里、办公室、地铁、餐厅，手机成了我们最亲密的伙伴。

有调查显示，一旦离开手机，人们就会感觉缺乏安全感，甚至焦虑不安。科技的发展，让昨天的梦想成为今天的现实，但是科技带给我们更多的便利、高效和享受的同时，也把我们的时间和身心"绑定"。也就是说，智能穿戴设备之所以还没有达到智能手机的普及程度和用户黏性，主要原因是没有满足人们的刚性需求，解决用户的痛点。在很多人眼中，智能穿戴设备只是种锦上添花的"玩意儿"。未来，智能穿戴设备要加强对用户黏性的考虑，在某些事情上着重培育人们的使用习惯，让设备成为人们生活必备的助手。

（八）商业生态系统

智能穿戴设备的普及得益于移动互联网、无线通信技术、智能硬件和大数据的发展。可以说，站在智能时代的风口上，智能穿戴设备必然点亮市场。从行业成熟度上看，智能穿戴设备对各行业、各领域的延伸渗透还处于浅层，对人们生活的改变和影响还十分有限。未来，要打通整个产业链、服务链的各个环节，建立智能穿戴产品的"硬件 + 软件应用 + 云端平台"的商业体系，并由此衍生出更多的商业场景。

例如，医学级可穿戴设备往往针对某个病种和患者群体，这些人群都有自己的病理特征和诊病诉求。因此，智能穿戴设备应该更加关注针对某类疾病的症状检测、数据收集、在线诊断等功能，在强化可穿戴设备快速检测的同时，医学级可穿戴设备应连接医生、患者和云端等各方主体，提升对疾病数据的收集、汇总、整理和分析能力，将其应用于医学临床，能真正帮助患者解决疾病问题，打造商业价值。

如何建立商业生态，可以从以下途径探索：一是面向用户，提供硬件设备销售、增值服务等；二是面向科研机构，为医科大学的临床研究提供数据和样本；三是面向医院，为医院患者提供远程监测、挂号预约等服务；四是面向在线医疗平台，与各类在线医疗的网站、APP合作，帮助平台建立用户个人健康数据库、个性化电子病历，为患者在平台上就医提供更好的指南和服务；五是面向企业，为药企、医疗器械公司、康复中心等提供广告精准投放业务；六是面向保险公司，与保险公司合作绑定客户，建立客户健康管理档案等。

（九）时尚美观

智能穿戴设备不仅是实用的科技产品，作为人的日常穿戴物品，与普通的手表、眼镜、服装、鞋子一样要美观和时尚。更加新潮、酷炫的产品，能够给用户新鲜感、审美感，提升用户购买欲望。随着智能穿戴设备市场的发展，除了腕戴式和头戴式的产品，应开发出越来越多的智能服装、智能佩饰，各种可穿戴设备与人类身体的各个部位契合，美观和实用完美融合，引领科技时尚的穿戴潮流。

（十）功能极致

从当前的智能穿戴产品看，很多产品集成了多种功能于一身，什么指标都能监测。这样就会使得企业投入产品的技术研发经费、精力非常分散，无法集中力量专攻一项核心技术，不仅会影响产品监测数据的准确度，而且不利于对单项监测指标的深度数据挖掘和增值延伸服务。因此，可穿戴设备行业未来应该把细分市场做大做强，只专攻某一类人群的需求，把产品的研发与服务做深。例如，只针对血压、血糖、心电等特殊需要人群，这样能够集中资源和经费，最大限度地提升产品在专业领域的技术和性能，保障产品的准确性、可靠性和用户体验。化繁于简，抓住目标用户，把某个功能与服务做到极致。

总体而言,智能穿戴设备的未来发展,关键是要把握住不同用户群体的需求,加强对智能穿戴市场专业化、多元化和纵深化的开发,进一步打通智能穿戴设备行业的技术创新链、产业价值链和商业生态链,同时整合其他行业的优质资源、服务,扩展应用场景,从不同领域和功能诉求上实现各类产品功能上的互补,从而带来更符合用户需求的智能体验。

二、智能穿戴设备的需求分析

目前,经历了几年快速发展,消费者对智能穿戴产品的新鲜感正在逐渐消退,下一阶段将是以功能和体验深层次打动用户的时代。未来,当智能穿戴设备市场更加成熟,用户的需求被充分培养和调动后,智能穿戴产品将从注重以功能为目标的发展导向,转变为以特定需求和细分市场为目标的战略布局。

智能穿戴设备应该让谁穿戴?除了运动族、上班族之外,老人、儿童和宠物,这些群体有很大的市场空间,人们通常愿意为他们的父母、孩子和宠物买单。未来,智能穿戴市场应被更进一步细分化,因此产品定位十分重要,要选择好产品的目标人群,深度开发针对特定群体的功能,更好地满足用户的个性化需求。

1. 运动人群

对于喜欢健身、运动或注意保健的人群,通常更加关注身体健康和日常保养,这个群体是智能穿戴产品的"忠实粉丝"。运动爱好者经常置身于体育场、健身馆、游泳馆、户外、登山等场景中,携带手机会妨碍运动,这时候借助智能穿戴设备的语音通话、信息接收、邮件处理、地图导航等功能,可以脱离手机的束缚。同时,在运动中,可以了解自己的身体状态、运动数据,并得到科学的休息或运动指导。

2. 白领人群

这部分人以上班族为代表,工作节奏繁忙、生活节奏较快,同时购买力也较强,是电子产品的消费主力军。除了看重监测、通信等基本功能,游戏、娱乐、办公、休闲、社交也是这类人群追求的功能。在日常生活中，白领人群可以通过可穿戴设备进行健康管理，培养良好的生活习惯。在办公室，智能手环可以提醒久坐、辅助办公；在家中，戴上 VR 眼镜、体感游戏设备、游戏头盔，为紧张的身心放松、娱乐，也可以与同事、朋友进行联机游戏，增加朋友之间的沟通交流，这些都是产品吸引力所在。

3. 时尚人群

除了运动、办公、娱乐、游戏等功能外，针对时尚一族、爱美女性等群体开发的智能穿戴产品也是不可忽视的市场，智能耳环、智能吊坠、智能服饰……设计精巧、造型酷炫、具备神奇功能的智能穿戴产品，体现了科技与时尚的融合，是吸引和打动这类人群的重要驱动因素。

例如，市场上有一种智能戒指，采用 18K 金材质，镶嵌着钻石，当用户接到来电、短信或在社交平台的点赞时，戒指会通过不同的振动模式及不同颜色闪烁，区分不同的通知源，戒指上镶嵌的钻石还是一个传感器，能够测量用户在一天中的日晒情况，并将数据传送至智能手机，从而建议涂抹什么级别的防晒霜，或是什么时候需要使用帽子或遮阳伞。这类穿戴产品做工精致，注重设计及材质选择，佩戴和使用也很简单。此外，还有卫星导航鞋、能为手机充电的衣服、太阳能夹克、智能温控服装等，都是吸引女性、时尚人士的产品。

4. 慢性病患者

中国的糖尿病、高血压、脑卒中、心血管疾病、癌症等慢性疾病的发病率逐年上升，慢性疾病往往需要长期复查、服药或治疗，以控制病情稳定，这类人群是医疗类可穿戴设备的庞大潜在用户群体，要进一步开发可穿戴设备的医疗服务功能。

慢性病患者群体使用智能穿戴设备的目的主要有 3 个方面：一是持续监测自己的身体状况；二是得到准确的测量结果；三是获得有价值的医疗建议。例如，高血压患者每天需要定时测血压量、按时服药。可穿戴设备贴身、方便、舒适，24 小时自动测量血压，实时将数据分析反馈给用户穿戴的设备或手机应用上，以便更好地了解、控制血压。同时，智能穿戴设备也可以围绕人们生活中常见的疾病及健康问题，提供健康指导。例如，通过采集生理数据，为人们提供膳食营养、生活作息、养生保健、疾病预防等方面的建议。很多慢性疾病的发作、病情发展、疾病规律是可以预测的，智能穿戴设备可以建立不同疾病的基准值、安全范围、异常波动的指标关系，在疾病的复发、恶化等危险信号出现苗头之时提示患者，并将数据发送到对应医疗监控中心，医生通过对比用户身体监测数据的变化，初步诊断病情。

5. 老年人

我国开始步入人口老龄化社会，近年来与老年人相关的医疗健康产品与养老服务越来越受到社会的关注。未来，养老问题带来的社会压力巨大，在养老保障服务方面，科技可以发挥重要作用。智能穿戴设备能够帮助解决独居老人的日常健康监测、安全看护等问题。例如，对于无法长期陪伴在父母身边的子女来说，通过智能穿戴设备，不仅可以随时了解老人的身体健康状况，也可以通过设备及时提示、关爱老人（图4-1）。

图4-1 老年人使用智能健康手表

例如，父母使用的智能穿戴设备与子女的手机绑定，子女可以看到老人每天的活动情况、身体状况指标，及时发现异常情况，提醒父母作息、锻炼、按时服药等。对于丧失了部分行为能力的阿尔茨海默病患者，为防止走失、摔倒，家人可以为老人设置电子围栏，一旦老人走出安全范围，监护者就会马上在手机上得到通知。通过智能穿戴设备，可以在老人、家属、医院之间搭建一个老人健康和安全监护的信息平台。

6. 减肥人群

肥胖问题如今困扰很多人，已经成为一个全球范围内的重要健康问题。肥胖不仅关乎我们的身材，也是导致很多严重疾病的根源，全球每年死于肥胖导致的血管疾病、糖尿病、心脏疾病的人越来越多。"减肥"成了当下很多人的口号，而解决肥胖问题的根本方法在于控制饮食与运动。现在很多健身房都开设了减肥课程，在专业教练的辅导和监督下，可以更好地帮助肥胖人群坚持运动，养成良好的饮食与生活习惯。庞大的减肥人群市场，对智能穿戴设备来说是一个很好的切入点。智能穿戴设备可以 24 小时贴身佩戴，不间断监测减肥者的健康数据，记录每天的活动量、消耗热量、体脂含量等数据变化，让用户对自己的减肥效果形成更加科学、清晰的认识，有利于强化减肥意识。智能穿戴设备还可以与减肥产品厂商、美体机构、健康机构等开展合作，为用户提供系统化的减肥解决方案。

7. 残障人士

目前，助残是全球关注残障人士组织和政府都关注的问题。只靠政策、救助、社会呼吁等方式，很难真正解决残障人士面临的各种实际问题，最有效的途径就是通过科技手段弥补他们的身体缺陷，让他们可以更好地生活、工作和融入社会。智能穿戴设备与人的身体有着密切接触，可以捕捉人的生命体征，增强人的感官功能，改善人的行动能力，弥补身体的缺陷。智能穿戴设备实质上是要实现人体功能的延伸，在一定程度上替代人的眼睛、耳朵、四肢甚至大脑，帮助残障人士恢复各种欠缺的能力，提升生活质量。

8. 儿童

我国的儿童群体非常庞大，相关数据显示，目前我国 14 岁以下儿童接近 3 亿人，其中，生活在城市的儿童超过 1 亿人。在二孩政策出台之后，势必掀起新一波婴儿潮。近年来，与儿童相关的产业快速发展，据统计，儿童消费支出已超过整个家庭收入的 25%。儿童可穿戴设备市场蕴藏着巨大的商机。

例如，儿童手表支持双向通话、远程监听、定位追踪和一键求救等功能，能帮助父母时刻与孩子保持联系，并实时追踪孩子所在的位置，让家长更好地监护孩子。父母还可以在手机 APP 上为孩子设置安全区域，掌握孩子的活动范围。未来，儿童可穿戴产品除了通话、信息和安全类功能外，应进一步开发社交、学习、娱乐、移动支付等功能，并在通话私密性、续航能力、交互性等方面带来更好的体验。

三、智能穿戴设备的应用前景

随着技术的进步和市场的成熟，智能穿戴设备的电池容量将更大，通信功耗降低，各种功能、服务和应用场景扩展延伸，从而创造全新的商业模式和应用价值。在不久的将来，智能穿戴设备将为人们的生活、医疗、健康、消费、安全等方面提供更多的便捷服务。智能穿戴设备应用前景有哪些？笔者认为可以从以下 8 个方面进行有益探索。

（一）个性化健身体验

智能穿戴设备在运动领域兴起的原因，是为用户提供了可视化运动数据和生命体征数据，这是以往家庭运动器材和健身装备没有的功能。运动手环、健身腕带虽然受到消费者关注，但也存在忠诚度和使用率的问题，很多用户在购买和尝试几个月之后，便将其放在一边不再使用。从某种程度上来说，这是由于产品没有足够的内容吸引力，应用体验不足，导致用户黏性和活跃度差。未来，可基于智能穿戴设备建立一个运动服务平台，提供交互式培训和专属式运动改善体验，开发设备的 APP 应用程序，针对成年男性、女性及减肥人群、特殊群体，设计添加如"减脂计划""增肌训练课程""产后苗条计划""瘦身挑战"等有针对性的运动课程。也就是说，智能穿戴产品不再以单纯销售硬件盈利，而是通过增强内容的吸引力，进一步激发运动者兴趣，培养用户运动习惯，提升健身市场的活力。

作为内容平台的运营者来说，要考虑如何把用户的数据进行汇总、分析、建模，针对每个用户的身体条件和健身目标，优化课程设计，添加个性化的训练方案、健康指导、饮食方案等内容并智能推荐给用户。同时，增加运动效果评价，将数据、完成度转换为荣誉成就。通过课程上的创新和服务体验的改善，增加用户的专属感、获得感、成就感。

（二）收费数据库

智能穿戴设备的核心价值，在于其数据背后隐藏的商业机会。一方面，要建立用户与健康大数据之间的紧密联系，并与大健康产业链上的相关企业、机构建立合作，为用户提供个性化的健康管理与服务；另一方面，要开拓市场，把智能穿戴设备采集到的大数据，作为一种商业资源发挥其最大价值。简单来说，智能穿戴设备的使用者，可以"出售"自己的健康数据、活动数据。例如，在用户同意的情况下，运营商将数据提供给特定领域的企业、科研机构作为研究数据样本，从而产生科研价值。用户的健康管理信息、生活作息、活动信息等数据，也可用于医疗保健、餐饮业、零售业等市场调研分析，以便推出更有针对性的产品和服务，产生商业价值。

近几年，大数据产业成为一个新事物，从国家战略、行业发展、企业经营到个人生活，大数据无处不在，如金融大数据、电商大数据、贸易大数据、交通大数据、医疗大数据等，各级政府也在积极推动大数据产业园建设。随着智能穿戴设备的普及，产生了海量的用户数据，如何发挥这些数据的价值，如何对原始数据进行分类、整合、筛选、利用，实现智能穿戴行业与其他行业的互利共赢发展,这是一个新的命题。工业和信息化部印发了《大数据产业发展规划(2016—2020年)》,提出"以强化大数据产业创新发展能力为核心,以推动数据开放与共享、加强技术产品研发、深化应用创新为重点,以完善发展环境和提升安全保障能力为支撑,打造数据、技术、应用与安全协同发展的自主产业生态体系"。相信随着我国的大数据安全保障体系和法律法规的不断完善,智能穿戴设备的大数据应用价值将得到更好的发挥。

(三)物联网

未来,随着人工智能产业的全面发展,AI技术将渗透到我们的衣食住行用等方方面面,智能家居、智能汽车、智能建筑、智能医疗、智能社区、智能养老……越来越多的产品和设备都携带了芯片、传感器、无线网络,通过数据平台和云端支持,让它们具备了感知、识别、学习、交互的功能,一个万物互联的智能时代正扑面而来。

物联网是什么?从英文上解释,物联网即"Internet of Things",简单讲,就是万物互联。未来,在家庭生活、交通控制、公共服务等领域物联网都将发挥作用,改变我们的生活。智能穿戴设备作为一个与人体最密切的智能移动终端,既是物联网的一个载体,也是物联网的一部分。智能家居、智能汽车、智能门锁等智能产品,都可以通过智能穿戴设备进行控制。借助智能穿戴设备,把人与人、人与物、物与物,更紧密地连接在一起,让我们生活在一个智能化万物互联的世界。

(四)移动支付

随着智能手机和移动互联网的普及,移动支付逐渐成为一种主流支付结算方式,出门不带现金已经不是新鲜事儿。

与智能手机相比,智能穿戴设备具有新的优势,以手环为例,它便于携带,进行支付的时候更加便捷省事,在很多使用场景可以完全取代手机。例如,我们在结账时,需要拿出手机、解锁、打开支付应用软件后再扫码支付,虽然比拿出钱包支付现金方便，但是，比起把手腕靠近支付终端就能完成支付，手机支付要更费事一些（图4-2）。目前，智能穿戴设备在移动支付的生态系统中还未建立起来，随着技术解决方案、支付安全、市场环境、行业管理等方面的成熟，智能穿戴设备将有望成为一种简单实用的移动支付手段。

图4-2　使用小米手环3 NFC版进行公交刷卡支付

（五）身份认证识别

身份识别是现代人日常生活中必不可少的问题，如在"面对面"时，如果想要核实某个人的真实身份，要比对身份证，但有时由于身份证使用年限较长、胖瘦体貌变化等原因，身份证上的照片可能与本人当前的相貌差异较大，也可能出现冒充者通过化妆手段使得相貌相似，从而利用身份证所有者的名义从事各项活动。

随着人工智能和数字化时代的到来，身份识别技术日趋成熟。例如，生物识别可以利用人体的生理特性，如指纹、脸相、虹膜等进行个人身份的鉴定。生物特征是人所特有的信息，不会遗失、不易伪造、随身具备，有助于解决安全认证问题并提高效率。目前，各种生物识别专业设备，如指纹识别器、虹膜识别器等都安装在固定场所，如办公室、住宅门禁，但不适合随身携带。对于流动性、临时性需要查验身份场合，目前大多专业设备不具备随时随地携带的条件。因此，有研究者提出了基于人眼识别的智能穿戴设备身份识别，通过静态人眼图像与动态人眼图像的虹膜与行为识别，提高身份认证的安全性与准确性。在人工智能社会，智能穿戴设备蕴含生物识别功能将在身份识别方面有发展空间。

（六）广告精准投放

在移动互联网时代，企业追求更精准高效的广告投放，依托各类新媒体、自媒体、垂直 APP 而产生的移动广告业正在蓬勃发展。按照著名媒介学者麦克卢汉提出的"媒介即讯息"的观点，智能穿戴设备与电视、手机等设备一样，本质上都是信息的载体，是广告营销的工具。进入智能穿戴设备时代，广告投放方式将更加精准、隐秘，通过采集提取分析用户的健康情况、活动情况甚至情绪变化，可以将广告投放到用户的某些特定需求上。

例如，与改善睡眠问题有关的广告投放，通过采集用户的睡眠数据便可以了解到失眠人群、睡眠质量问题，从而为改善睡眠的保健品提供精准营销渠道。在运动、社交等方面，分析用户的贴身数据，包括位置、活动和健康有关的信息，把运动产品广告推送给消费者。智能穿戴设备在广告领域否能发展起来，还要取决于用户是否愿意接受这种广告方式，包括个人隐私、广告干扰等问题，因此，广告行为要在充分的市场调查和法律合规的基础上进行尝试。

（七）移动医疗与健康管理

当前，随着中国社会的老龄化、城镇化和慢性病高发等因素，以医院为中心的医疗模式难以充分满足广大人民群众的健康医疗需求。传统医疗设备体积大、移动性差，发挥空间有限，不适合家庭使用。随着纳米技术、微电子学、封装技术、信息技术等科技成果应用及智能穿戴设备的诞生，极大地缩小了医疗设备的占用空间，家用医疗设备朝着微型化、智能化、便携式的方向发展，如小型化的透析机、除颤器、呼吸机、吸痰器、理疗仪及智能手环、腕带等，在这些智能穿戴设备的帮助下，实现病情监测、远程诊疗、调整方案、调整药物、疗效评价、疾病预警、家庭康复、健康指导和可穿戴式给药，某些疾病在家就可以检测和诊疗，不仅节省时间和成本，还可以减少患者去医院和住院治疗的次数，让医疗资源匮乏地区的人群也在一定程度上解决看病难的难题，提高医疗资源利用率和居民健康水平。

未来，随着我国社区医疗、社区养老等发展，微型化可穿戴医疗设备将与传统医疗设备互为补充。发展基于智能穿戴设备的移动医疗，创建以用户为中心，以智能穿戴设备为基础，综合运用大数据、云计算、人工智能、传感器及相关软件算法支撑的移动医疗服务，实现远程监护和健康管理，患者可以随时随地和长时间接受治疗，更好地满足老龄人口、慢性病患者和亚健康人群对医疗健康的需求，为一部分特殊人群的长期监护和长期治疗提供有效工具，提升自动化、智能化的健康服务水平。

（八）安全防护

智能穿戴设备除了在医疗、运动、支付、广告等日常领域具有众多良好的开发应用前景，对于特殊行业和特殊工种来说，智能穿戴设备能够为操作人员提供更好的安全保护。

例如，消防员在深入火场执行灭火和搜救任务时，可能面临体力不支、疲劳过度或吸入有害气体等问题，使消防员的人身安全受到严重威胁。通过开发用于消防的智能穿戴设备，各种传感器采集消防员的身体机能、呼吸频率、血氧水平、皮肤温度、心率等数据，在消防员的身体出现危险信号时自动发出警报，或在心跳停止、昏迷之时自动求救，将处于危险环境的消防员生命体征和所处位置发送给消防指挥中心，及时提供后援。消防员头盔中的传感器，还可以检测氧气含量，并自动触发释放和调节氧气水平。此外，消防员智能穿戴设备还可以集成地图显示、红外探测、卫星定位等功能，最大限度地为火场救援提供科技支撑，提高消防员行动的准确性和安全性。

智能穿戴设备的生命体征监测、跟踪监视等功能，可以广泛用于特殊工种和抢险救援领域，提高工作效率，保障人员安全。例如，在石油、矿井、野外等环境中，工人也可以依靠智能穿戴设备保障安全，提高工作效率。

四、智能穿戴设备开启智能生活新时代

书籍是人类进步的阶梯，科技让梦想成为现实。人类社会前进的过程中，科学技术的进步发挥了至关重要的驱动作用。历史上的每一次科技革命都极大地解放了生产力，深刻改变着生产关系，使人类社会实现质的飞跃。

第一次工业革命以蒸汽机的广泛使用为标志，开创了以机器代替手工劳动的时代，解放了人的体力；第二次工业革命得益于内燃机的发明和电力的应用，人类社会进入电气时代，电车、电灯、电话、电影相继出现，汽车、轮船、飞机等交通工具飞速发展；第三次工业革命是人类智力解放的里程碑，计算机延伸和提升了人脑的功能，极大地增强了人类认识和改造世界的能力。

互联网的出现，是人类又一次伟大进步，其意义不亚于前三次科技革命，人们从此进入了信息时代，信息革命颠覆了旧有的社会管理运行模式，通信、社交、消费、交通、金融、娱乐、医疗、餐饮乃至整个经济社会生态网络被不断重塑和改变。

在移动互联网出现与普及之后，人类的工作和生活效率又被提升到了新的高度。如果说，PC 互联网的效率是以小时计算，那么移动互联网的效率被缩短到以分钟来计算。智能手机的应用与普及至今只有十几年时间，对人类社会的改变却是巨大的、全方位的、深刻的。尤其是随着 5G 移动通信技术的开启，我们的通信方式、出行方式、娱乐方式、购物方式、工作方式等方方面面都将发生新的改变。

当前，人工智能技术突飞猛进，正渗透到人类社会的各个环节，以新产品、新技术、新业态，促进了经济发展，改变着我们生活方式，提高了社会运行效率。这是智能科技的革命，不久的将来我们会迎来智能产品大爆发时代。

（一）人工智能的演变与影响

以前，大多数人对人工智能的了解是通过科幻电影，如《终结者》《霹雳五号》《机器管家》《我，机器人》等电影都描述了人工智能社会里人与机器人的各种共存关系。如今，随着大数据、传感器、芯片、生物识别、计算机视觉、深度学习算法等技术发展，以及互联网和移动互联网的普及，科幻电影中的许多设备逐渐成为现实，越来越多的智能化产品出现在大众的视野中，真正的人工智能时代加速驶来。

人工智能（Artificial Intelligence），英文缩写为 AI。人工智能技术将机器赋予了人的思维，代替人脑进行各种计算、研究、决策和分析，是对人脑的延伸和扩展。当前，在移动互联网、大数据、超级计算、传感器、脑科学等新技术的驱动下，人工智能产业加速发展，呈现深度学习、跨界融合、人机协同、群智开放、自主操控等特征，网络化、信息化、智能化的社会生态系统正在形成。

当前，世界正处于新一轮科技革命的重要历史节点，世界各国都认识到人工智能引领下新一轮科技革命的重大战略意义，纷纷积极布局人工智能的技术研发与产业创新。世界主要发达国家均把发展人工智能作为提升国家竞争力、维护国家安全的重大战略，力图在未来国际科技竞争中掌握主导权。

习近平总书记在中共中央政治局第九次集体学习时强调，"人工智能是新一轮科技革命和产业变革的重要驱动力量，加快发展新一代人工智能是事关我国能否抓住新一轮科技革命和产业变革机遇的战略问题。要深刻认识加快发展新一代人工智能的重大意义，促进其同经济社会发展深度融合，推动我国新一代人工智能健康发展。"这明确了人工智能对推动我国发展所具有的重要意义和战略价值。

要纵观世界人工智能的历史发展进程，把握客观规律，才能充分认识加快发展新一代人工智能的关键所在，推动我国人工智能健康发展。在历史上，人工智能出现了多次发展热潮，也曾陷入低谷寒冬甚至停滞期。

第一阶段：起步期（20世纪50—60年代初）。1950年，英国数学家艾伦·图灵在其发表的《计算机器与智能》论文中，提出了一个测试，即"图灵测试"，用来判断机器是否能够思考。1956年，科学家在美国达特茅斯学院举办了一场关于人工智能的会议，美国计算机科学家约翰·麦卡锡提出了"人工智能"一词，标志着人工智能学科的诞生。麦卡锡也因此被誉为"人工智能之父"。"人工智能"这一概念被提出后，各国科学家相继开始对此进行研究，掀起人工智能发展的第一次浪潮。

第二阶段：探索期（20世纪60—70年代）。人工智能领域的研究成果，让人们对这项技术产生了巨大期望，科学家开始进行各种尝试和研发，这一时期出现了很多与人工智能有关的设备。例如，"ELIZA" 聊天机器人、"Shakey"自主移动机器人，但是这些发明并没有太多的实用性，只是探索性的设计研发。

第三阶段：发展期（20世纪70—80年代中期）。这一时期实现了人工智能从理论研究走向实际应用、从一般推理探讨转向专门知识的重大突破，在医疗、化学、地质等领域取得成功，推动人工智能走入应用发展。

第四阶段：低迷期（20世纪80—90年代初期）。由于专家系统存在的应用领域狭窄、知识获取困难、数据库兼容等问题，加之当时美国政府缩减了对人工智能研究的投入，将拨款转投更容易取得成果的领域，人工智能发展进入低谷期。

第五阶段：复苏期（20世纪90年代初期—21世纪前10年）。随着现代信息与网络技术的发展，特别是进入21世纪以来，互联网与各个领域深度融合，促进人工智能的技术水平向前迈进了一大步。1997年IBM公司推出名为"深蓝"的超级计算机，在比赛中战胜了国际象棋世界冠军加里·卡斯帕罗夫。

第六阶段：新时期（2010年至今）。近十年来，随着大数据、云计算、物联网、区块链、智能制造、深度学习算法等新科学和新技术的发展，人工智能科技飞速进步，在图像语音识别、无人驾驶、自然语言处理、智能机器人等领域取得了很多前所未有的成果，人工智能迎来了新一轮发展热潮。

目前，人工智能技术已经取得了长足发展和进步，在包括图像识别、语音识别、自动驾驶、超级计算、人机交互等在内的专用人工智能领域已取得突破性进展和成果，深度学习、强化学习、对抗学习等机器学习水平显著提升。但是，人工智能的总体发展水平仍处于起步阶段。例如，战胜人类围棋世界冠军的智能机器人棋手"AlphaGo"，只会下围棋，而读书读报就不会了。人工智能在通用智能系统的研究与应用仍然任重道远，在概念抽象和推理决策等方面能力还很薄弱，目前的人工智能可以说是：有智能无智慧，有专才没通才，有思考没思想，有智商缺情感，这与人类期待的目标和实际使用的需求还存在较大差距。

如何让机器具备思考、计划、抽象思维、快速学习、发明创造、理论联系实际、处理解决复杂问题等能力，甚至像人类一样具有快乐、忧伤、愤怒、紧张、恐惧、烦恼、沮丧等情绪表达，有待于各种技术的进步和新的解决方案。

人工智能未来的创新发展还存在很多不确定性，虽然如此，全球各国普遍认同人工智能是经济发展的新引擎、社会发展的加速器，人工智能的蓬勃兴起将带来新的社会文明，推动产业变革，深刻改变人们的生产生活方式，推动人类文明迈向新的更高水平。

积极预测未来，才能更好地创造未来。当前，人工智能迅猛发展，成为全球产业界、学术界的高频词。人工智能成为推动人类进入未来的决定性力量，其崛起与发展，有望重新定义和改变我们生活的世界。

（二）智能穿戴设备与人工智能时代

智能穿戴设备的创新发展，离不开人工智能带来的全新人机交互技术和数据运算方式。如何能让智能穿戴设备真正拥有"智慧"，这将是智能穿戴设备在人工智能时代要突破的一个关键问题，决定着整个行业的高度与水平。

智能穿戴设备不只是一台电子终端，而是成为以数据采集、存储及数据运算、云端交互为特点的智慧"大脑"。人类利用智能穿戴设备，可以更好地感知自身并与外部进行信息互动，人体与互联网生态前所未有地紧密连接。随着人类社会步入智能化时代，智能穿戴设备以其强大的技术整合功能和解放用户双手的使用特点，将让我们的社会和生活变得更智能、更方便、更舒适，成为下一个时代的主角。

在智能化、数字化的时代，我们穿的服装不再只是为了保暖、美观，还能够保障我们的健康、安全，我们的体征数据会被采集并实时上传到云端进行分析计算，及时提示和指导我们更好地管理自己的健康。在下班的路上，我们只需对着手环说：准备洗澡水、打开空调。我们回到家后，热洗澡水已经烧好，室内温度自动调到最佳。在家中，当我们需要休息时，只需说：我要睡了。窗帘自动拉上，电视自动关闭，灯光慢慢变暗，有助于睡眠的音乐声轻柔响起……这是智能生活图景带给我们对美好生活的畅想。

未来，智能穿戴设备将在运动、医疗、健康、出行、养老、看护、教育、安防、家居等领域广泛应用，让我们的生活和工作更加便捷。随着智能穿戴设备的硬件、软件、产品形态、功能等方面不断升级，只要能够找准细分市场，抓住用户需求痛点，提供给用户高品质和实用性的增值服务，有效整合技术、市场、商业生态，智能穿戴设备发展前景将十分广阔。

中国智能穿戴行业作为一个新兴领域，发展态势向好，市场稳步增长，但整体上不温不火，存在发展瓶颈、产业链失调等问题。从目前的产业结构来看，上游的芯片、传感器、屏幕、柔性元件等零部件厂商推出了专门针对智能穿戴设备的解决方案；下游品牌开发商对上游厂商的依附程度较高，自身缺乏研发与技术支持，在售后服务和增值服务方面缺少创新的商业模式，行业服务闭环尚未形成。下游开发商提供的服务与上游厂商提供的技术难以全部匹配，配套应用环境与社会体系也没有跟上。伴随着智能穿戴设备市场的日趋成熟，上游的技术和硬件供应商应以高技术含量为目标，在设备的性能上提升精确度、体验感；下游的销售、推广企业要以更高附加值为目标，扩展应用场景和商业模式。上、下游产业要形成紧密互动、协同创新，推动智能穿戴设备向高端化、平台化、开放性发展。

进入 5G 时代，智能穿戴设备将成为移动互联网、物联网的关键入口。我们要把握全球智能穿戴设备领域的总体趋势，立足智能穿戴设备的发展现状，面向经济、社会和民生领域在医疗、养老、生活服务、信息通信、文化娱乐等方面的实际需求，推动产业布局、商业模式建立、技术创新，加强对发展智能穿戴产业的规划指导、政策扶持，培育智能穿戴设备的龙头企业，推动智能穿戴设备产业的集群化发展。

未来，通过打造特色产业园区，推动各类产业资源、技术资源、人才资源的聚集，支持有条件的地区建设智能穿戴设备产业园，吸引国内外智能穿戴设备的企业、厂商、服务运营商及相关配套机构入驻。支持智能穿戴设备大数据公共服务平台、共性技术研发平台、应用测试、云服务等平台建设，为企业的技术创新、人才引进、资金配套提供技术支撑。推动智能穿戴设备科技成果转化及应用推广，在医疗健康、养老服务等公共服务领域，鼓励智能穿戴设备产品和应用服务的政府采购。业界、学界和媒体共同加大对智能穿戴设备的知识普及与宣传，共同推动智能穿戴设备行业发展，为人类带来更加美好、便捷的生活！

参考文献

[1] 陈根 . 预见：智能穿戴商业模式全解读 [M]. 北京：化学工业出版社，2016.

[2] 北京生产力促进中心 . 智能可穿戴产业发展报告 [M]. 北京：科学出版社，2014.

[3] 陈根 . 智能穿戴改变世界：下一轮商业浪潮 [M]. 北京：电子工业出版社，2014.

[4] 程贵锋，李慧芳，赵静，等 . 可穿戴设备：已经到来的智能革命 [M]. 北京：机械工业出版社，2015.

[5] 雷舜东 . 可穿戴医疗设备：智能医疗突破口 [M]. 北京：电子工业出版社，2018.

[6] 陈根 . 陈根谈智能穿戴 [M]. 北京：化学工业出版社，2017.

[7] 陈根 . 智能穿戴：物联网时代的下一个风口 [M]. 北京：化学工业出版社，2016.

[8] 林穗 . 如影随形小精灵：可穿戴智能设备与应用 [M]. 广州：广东科技出版社，2017.

[9] 杨青峰 . 智能爆发：新工业革命与新产品创造浪潮 [M]. 北京：电子工业出版社，2017.

[10] 徐旺 . 可穿戴设备：移动的智能化生活 [M]. 北京：清华大学出版社，2016.

[11] 谭铁牛 . 人工智能的历史、现状和未来 [J]. 求是，2019（4）：39-46.

[12] 佟鑫 . 外骨骼新方向："勇士织衣"软式动力装置取得重大进展 [J]. 轻兵器，2017（1）：30-33.

[13] 温晓君 . 中国智能硬件产业发展现状与建议 [J]. 高科技与产业化，2016（2）：80-85.

[14] 江华 . 可穿戴设备为何兴起 [EB/OL].[2019-12-20]. http://www.ccidcom.com/pinglun/20140611/oaoT7UdiQHSedh5F.html.

[15] 2018 年中国健身产业发展现状、发展规模及未来发展方向分析 [EB/OL].(2018-08-10)
[2019-12-20]. http://www.chyxx.com/industry/201808/665922.html.

[16] 智研咨询集团 .2019—2025 年中国健身及运动类可穿戴设备行业市场现状分析与投资前
景预测报告 [EB/OL]. [2019-12-20]. http://www.chyxx.com/research/201808/
666292.html.

[17] 我国可穿戴设备行业产业链及区域竞争格局分析 [EB/OL]. (2016-08-30) [2019-12-
20].http://www.chyxx.com/industry/201608/443059.html.

[18] 埃森哲：2018 中国消费者洞察——新消费 新力量 [EB/OL].(2018-06-01) [2019-12-
20].https://www.useit.com.cn/thread-19201-1-1.html.

[19] 中国心血管病报告：我国心血管病患者约为 2.9 亿 [EB/OL].(2019-06-08)[2019-12-
20].http://news.cctv.com/2019/06/08/ARTIxcGAnkVTa8dbtygU7NyG190608.
shtml.

[20] IDC：2019 年第一季度全球可穿戴设备出货量达到 4960 万部 [EB/OL].(2019-06-03)
[2019-12-20].http://www.chinairn.com/hyzx/20190603/134121999.shtml.

[21] 2019 年第一季度中国可穿戴市场增长强劲，成人手表备受瞩目 [EB/OL].(2019-06-11)
[2019-12-20].http://www.sohu.com/a/319781166_718123.

[22] 前瞻产业研究院 .2019 年中国可穿戴设备行业市场现状及发展趋势分析 消费趋势有望
朝多元化方向发展 [EB/OL]. (2019-12-25) [2020-01-06].https://bg.qianzhan.
com/trends/detail/506/191225-83188f84.html.